天然气开发常用阀门手册

李莲明 洪 鸿 主编

石油工业出版社

内 容 提 要

本手册主要对天然气开发常用阀门的类型、构造、工作原理、性能特点等进行了介绍；同时，还对这些阀门的选择、安装、操作、维护以及常见故障的预防及排除方法进行了详细说明。

本手册适合从事天然气开发方面的技术人员及操作人员参考使用。

图书在版编目（CIP）数据

天然气开发常用阀门手册/李莲明，洪鸿主编.

北京：石油工业出版社，2011.1

ISBN 978 – 7 – 5021 – 8231 – 1

Ⅰ. 天…

Ⅱ. ①李…②洪…

Ⅲ. 天然气 – 油气集输 – 阀门 – 技术手册

Ⅳ. TE974-62

中国版本图书馆 CIP 数据核字（2010）第261601号

出版发行：石油工业出版社

（北京安定门外安华里 2 区 1 号　100011）

网　　址：www. petropub. com. cn

编辑部：(010) 64523738　发行部：(010) 64523620

经　　销：全国新华书店

印　　刷：北京中石油彩色印刷有限责任公司

2011 年 1 月第 1 版　2012 年 5 月第 2 次印刷

787×1092 毫米　开本：1/16　印张：10.5

字数：222 千字

定价：58.00 元

（如出现印装质量问题，我社发行部负责调换）

《天然气开发常用阀门手册》
编 委 会

策　　划：李天才　徐黎明

主　　编：李莲明　洪　鸿

副 主 编：李　强　刘帮华　马春稳

编　　委：赵轩刚　李　耀　李　慧　徐　东　张杨东

王　磊　晁琼萧

参加编写人员：（按姓氏笔画排序）

马　骞　马国华　文开丰　牛振群　王　娜

王正荣　王喜娟　刘小江　许晓伟　何彦君

张成虎　李　栋　李鹏江　周　庆　胡阳明

徐　勇　高　亮　傅　鹏　韩东兴　解永刚

赖　燕　管晓冬　薛永强

前　言

　　随着石油、化工行业的快速发展，从原油和天然气的开采、储运、炼化到用户的消费都离不开阀门，尤其在天然气开采、净化处理过程中，阀门是管道、分离、净化设备的重要组件。在其他一些领域中，比如航天工程等，阀门也起着关键的作用。在天然气开采中，阀门多用于气井井口、集气站、处理厂各个部位。通过阀门的开启、关闭来调节、控制管路和设备中介质的压力、流量及流向。如今，从手动阀门发展到电动、液动阀门，再到气—液联动阀门，阀门的规格和型号越来越丰富。在气田开发建设中，由于阀门用量大，产品丰富，如果选型、操作、维护保养不当，就会产生"跑、冒、滴、漏"现象，甚至引发事故。因此阀门的运行好坏及正确选型直接影响到整个生产装置的安全、平稳及长周期运行。因此，对阀门的选用必须坚持安全、经济、实用、可靠的原则！

　　本手册对天然气开采中常用阀门、相应电动及气动执行机构，以及各类阀门结构原理、性能特点和选用标准等做了介绍；同时对流体经过阀门的压力损失、温度变化等一系列流量特性也进行了介绍；尤其对天然气开采中常用阀门在运行过程中易出现的故障及维护保养方法进行了阐述。

　　本手册可供天然气开采中相关技术人员及现场操作人员使用或参考，对如何正确操作、维护保养现场阀门具有一定的指导意义。

　　本手册在编写过程中，参阅了相关标准、规范等文献资料，在此向这些文献资料的作者致以诚挚的谢意！长庆油田第二采气厂各单位对本手册的编写也给予了大力支持，在此也一并深表感谢！

　　限于编写人员的水平，疏漏之处在所难免，欢迎广大读者批评指正。

编　者

2010 年 11 月

目 录

1
概　述

随着社会的发展，阀门已经广泛应用于各行各业，从人们的日常生活到各种机械设备，如内燃机、蒸汽机、压缩机、传动装置、船舶，再到航天、航空、西气东输、南水北调工程，阀门都是不可缺少的部件。

鉴于发展需求，目前各行业均对阀门提出了更高层次的要求，不仅要耐低温抗高压，而且还要便于流量调节，因此许多新材质、新性能的阀门随之诞生，例如，球阀和隔膜阀得到迅速发展，截止阀、闸阀和其他阀门品种增加、质量提高，从而有效带动阀门制造业逐渐成为机械工业的重要部门之一。未来阀门的发展，将逐步向规格类型系列化、结构功能改进化、产品参数扩大化、省力自控结合化、新材料新工艺引用化、使用寿命延长化、节能降耗开发化等多方面综合发展。

阀门根据其种类和用途有不同的性能要求，主要表现在密封、强度、调节、流通、启闭速度等方面，同时阀门在使用时不仅要求密封性能好，而且必须保证安全可靠，如果因密封不好而发生泄漏或因强度不够而使零件破坏，将会造成不同程度的经济损失，尤其针对输送有毒、易燃易爆或有强腐蚀性流体，很可能导致严重的安全事故。为了保证阀门的密封性能和强度，除了必须遵守有关标准规定合理地进行结构设计，确保工艺质量外，还必须正确地选用合适材质。

1.1 阀门的基础知识

1.1.1 阀门组成及用途

阀门是用以控制流体流量、压力和流向的装置，通常由阀体、阀盖、阀座、启闭件、驱动机构、密封件和紧固件等组成。被控制的流体可以是液体、气体、气液混合体、固液混合体等。

1.1.2 阀门名词术语

1.1.2.1 强度性能

阀门的强度性能是指阀门承受介质压力的能力。阀门是承受内压的机械产品，必须具有足够的强度和刚度，以保证长期使用而不产生变形或发生破裂。

1.1.2.2 密封性能

阀门的密封性能是指阀门各密封部位阻止介质泄漏的能力，它是阀门最重要的技术性能指标。阀门的密封部位有三处，即启闭件与阀座两密封面间的接触处、填料与阀杆和密封塞的配合处、阀体与阀盖的连接处。其中，第一处的泄漏称为"内漏"，也就是通常所说的关不严，它将影响阀门截断介质的能力，对于截断阀类阀门而言内漏是不允许的；后两处的泄漏称为"外漏"，即介质从阀内泄漏到阀外，外漏会造成物料损失、污染环境，严重时还会造成事故，尤其对易燃易爆、有毒或有放射的介质而言外漏更是不能允许的。因而阀门必须具有可靠的密封性能。

1.1.2.3 压力损失

流动介质流经阀门前后会产生压力损失（即阀门前后的压力差），也就是阀门对介质的流动有一定的阻力，介质为克服阀门的阻力就要消耗一定的能量。从节约能源考虑，设计和制造阀门时，要尽可能降低阀门对流动介质的阻力。

1.1.2.4 启闭力和启闭力矩

启闭力和启闭力矩是指阀门开启或关闭所必须施加的作用力或力矩。关闭阀门时，需使启闭件与阀座两密封面间形成一定的密封比压，同时还要克服阀杆与填料之间、阀杆与螺母的螺纹之间、阀杆端部支承处及其他摩擦部位的摩擦力，因此需施加一定的关闭力和关闭力矩。阀门在启闭过程中，所需要的启闭力和启闭力矩是变化的，其最大值是在关闭的最终瞬时或开启的最初瞬时。设计和制造阀门时应尽量减小关闭力和关闭力矩。

1.1.2.5 启闭速度

阀门的启闭速度是指阀门完成一次开启或关闭动作所需的时间。一般对阀门的启闭速度无严格要求，但有些工况对启闭速度有特殊要求，在选用阀门类型时应加以考虑。

如有些地方做紧急切断用的阀门要求迅速开启或关闭，以防发生事故，有的要求缓慢关闭，以防产生水击等。

1.1.2.6　动作灵敏度和可靠性

阀门的动作灵敏度和可靠性指阀门对于介质参数变化，做出相应反应的敏感程度和可靠程度。对于节流阀、减压阀、调节阀等用来调节介质参数的阀门以及安全阀、疏水阀等具有特定功能的阀门来说，其功能灵敏度与可靠性是十分重要的技术性能指标。

1.1.2.7　使用寿命

阀门的使用寿命指阀门的耐用程度，是阀门的重要性能指标，具有很大的经济意义，通常以能保证密封要求的启闭次数来表示，也可以用使用时间来表示。

1.1.3　阀门的分类

根据阀门的结构特征、使用要求、性能，阀门有不同的分类方式。

1.1.3.1　按用途分类

按用途可分为六类。

（1）切断用：主要用于设备管道中流体的切断或连通。该类阀门最为常用的有闸阀、截止阀、球阀、旋塞阀、蝶阀等。

（2）止回用：单向流动，多用来防止介质倒流，如止回阀。

（3）分配用：用于改变管道中介质流向，起分配作用，如分配阀、三通旋塞阀、三通或四通球阀等。

（4）调节用：主要用于调节介质流量和压力等，如节流阀、减压阀、平衡阀等。

（5）安全用：用于排除容器或管道中多余介质，起超压保护作用，如各种安全阀、溢流阀等。

（6）其他用途：如排除蒸汽中凝结水的疏水阀、放空阀、排渣阀、排污阀等。

1.1.3.2　按操作方式分类

按操作方式可分为五类。

（1）手动型：借助手轮、手柄、杠杆由人力来操纵开关，调节介质流量用的阀门。

（2）气动型：借助压缩空气来操纵开关的阀门。

（3）液动型：借助液体的压力来操纵、调节阀门。

（4）电动型：借助电动机、电磁或其他电动装置操纵的阀门。

（5）组合型：含两种及两种以上的操作组合方式，如气—液型、电—液型。

1.1.3.3　按压力等级分类

按阀门的公称压力（PN）等级可分为四类。

（1）低压阀门：PN ≤ 1.6MPa。

（2）中压阀门：1.6MPa < PN ≤ 6.4MPa。

（3）高压阀门：6.4MPa < PN ≤ 100MPa。

（4）超高压阀门：PN ≥ 100MPa。

1.1.3.4 按通用类型分类

按工作原理和结构类型阀门可分为闸阀、截止阀、止回阀、蝶阀、球阀、安全阀、疏水阀等，这种分类法是目前较常用的分类方法。

针对工业管道阀门，按公称压力可分为真空阀、低压阀、中压阀、高压阀、超高压阀；按工作温度可分为常温阀、中温阀、高温阀、低温阀；按功能和特性可分为开关阀、调节阀、电磁阀、电子式、智能式、现场总线型等；按阀体形式可分为直通单座、直通双座、角形、隔膜、小流量、三通、偏心旋转、蝶形、套筒式、球形等；按阀体的材质可分为铸铁、铸钢、锻钢、不锈钢、铜、塑料、陶瓷等。

1.2 阀门基本参数

阀门的基本参数主要包括公称通径、公称压力、压力—温度等级。

1.2.1 阀门的公称通径

公称通径是阀门与管道连接处的名义直径，用 DN 和数字表示。例如，DN100 表示阀门的公称通径是 100mm。

1.2.2 阀门的公称压力

公称压力是与阀门机械强度有关的设计给定压力，是阀门在规定的温度范围内允许的最大工作压力，用 PN 和数字表示。例如，PN2.5 表示阀门所能承受的压力为 2.5MPa，是阀门的主要参数。

1.2.3 阀门的压力—温度等级

压力—温度等级是阀门在指定温度下使用表压表示的最大允许工作压力。当温度升高时，最大允许工作压力随之降低。压力—温度额定值是在不同工作温度和工作压力下正确选用法兰、阀门及管件的主要依据，也是工程设计和生产制造中的基本参数。

1.3 阀门型号编制

随着阀门行业的发展，产品的型号规格越来越丰富多样，相应的阀门型号编制方法也越来越多。本手册中阀门型号编制方法主要参考 JB 308—75《阀门型号编制方法》的方法，而对天然气开采中特殊的专用阀门则进行单独说明。

1.3.1 阀门型号编制方法

阀门型号编制方法参照 JB 308—75《阀门型号编制方法》，适用于工业管道中所使用的闸阀、截止阀、球阀、蝶阀、节流阀、旋塞阀、减压阀等阀门，阀门型号一般由 7 个单元组成，含义如图 1.1 所示。

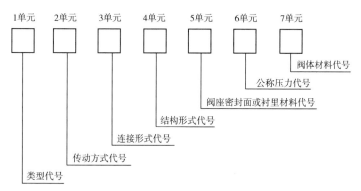

图 1.1　阀门型号单元组成含义

1.3.1.1　类型代号

类型代号用汉语拼音字母表示，具体如表 1.1 所示。

表 1.1　阀门的类型代号

类型	代号	类型	代号
闸阀	Z	旋塞阀	X
截止阀	J	止回阀	H
节流阀	L	安全阀	A
球阀	Q	减压阀	Y
蝶阀	D	疏水阀	S
隔膜阀	G		

1.3.1.2　传动方式代号

传动方式代号用阿拉伯数字表示，具体如表 1.2 所示。

表 1.2　阀门的传动方式

传动方式	代号	传动方式	代号
电磁动	0	伞齿轮	5
电磁－液动	1	气动	6
电－液动	2	液动	7
蜗轮	3	气－液动	8
正齿轮	4	电动	9

1.3.1.3 连接形式代号

连接形式代号用阿拉伯数字表示，具体如表 1.3 所示。

表 1.3 阀门的连接形式代号

连接形式	代号	连接形式	代号
内螺纹	1	对夹	7
外螺纹	2	卡箍	8
法兰	4	卡套	9
焊接	6		

1.3.1.4 结构形式代号

结构形式代号用阿拉伯数字表示，具体如表 1.4 ~ 表 1.13 所示。

表 1.4 闸阀结构形式代号

闸阀结构形式				代号
明杆	楔式	弹性闸板		0
		刚性	单闸板	1
			双闸板	2
	平行式		单闸板	3
			双闸板	4
暗杆楔式			单闸板	5
			双闸板	6

表 1.5 截止阀和节流阀结构形式代号

截止阀和节流阀结构形式		代号
直通式		1
角式		4
直流式		5
平衡	直通式	6
	角式	7

表 1.6 球阀结构形式代号

球阀结构形式			代号
浮动	直通式		1
	L形	三通式	4
	T形		5
固定	直通式		7

表 1.7　蝶阀结构形式代号

蝶阀结构形式	代号
杠杆式	0
垂直板式	1
斜板式	3

表 1.8　隔膜阀结构形式代号

隔膜阀结构形式	代号
屋脊式	1
截止式	3
闸板式	7

表 1.9　旋塞阀结构形式代号

旋塞阀结构形式		代号
填料	直通式	3
	T形三通式	4
	四通式	5
油封	直通式	7
	T形三通式	8

表 1.10　止回阀结构形式代号

止回阀和底阀结构形式		代号
升降	直通式	1
	立式	2
旋启	单瓣式	4
	多瓣式	5
	双瓣式	6

表 1.11　安全阀阀结构形式代号

安全阀结构形式				代号
弹簧	封闭	带散热片	全启式	0
				1
				2
	不封闭	带扳手	全启式	4
			双弹簧微启式	3
			微启式	7
			全启式	8
			微启式	5
		带控制机构	全启式	6
	脉冲式			9

注：杠杆式安全阀在类型代号前加字母"G"。

表 1.12 减压阀结构形式代号

减压阀结构形式	代号
薄膜式	1
弹簧薄膜式	2
活塞式	3
波纹管式	4
杠杆式	5

表 1.13 疏水阀结构形式代号

疏水阀结构形式	代号
浮球式	1
钟形浮子式	5
脉冲式	8
热动力式	9

1.3.1.5 阀座密封面或衬里材料代号

阀座密封面或衬里材料代号用汉语拼音字母表示，具体如表 1.14 所示。

表 1.14 阀座密封面或衬里材料代号

阀座密封面或衬里材料	代号	阀座密封面或衬里材料	代号
铜合金	T	渗氮钢	D
橡胶	X	硬质合金	Y
尼龙塑料	N	衬胶	J
氟塑料	F	衬铅	Q
锡基轴承合金（巴氏合金）	B	搪瓷渗硼钢	CP
合金钢	H		

注：由阀体直接加工的阀座密封面材料代号用"W"表示；当阀座和阀瓣（闸板）密封面材料不同时，用低硬度材料代号表示（隔膜阀除外）。

1.3.1.6 公称压力代号

公称压力代号用阿拉伯数字表示，其数值是以兆帕（MPa）为单位的公称压力值的 10 倍。

1.3.1.7 阀体材料代号

阀体材料代号用汉语拼音字母表示，具体如表 1.15 所示。

表 1.15 阀体材料代号

阀体材料	代号	阀体材料	代号
灰铸铁	Z	Cr5Mo、zg1Cr5mo	I
可锻铸铁	K	1Cr18ni12mo2ti\zg1Cr18ni12moti	P
球墨铸铁	Q	Cr18Ni12Mo2Ti\zg1Cr18ni12moti	R
铜及铜合金	T	12CrMoV	V
碳钢	C	ZG12CrMoV	

1.3.1.8　阀门型号名称举例说明

例 1：型号 Q642W-10 的阀门，为气动传动、法兰连接、明杆楔式双闸板、阀座密封面材料由阀体直接加工，公称压力 1MPa，阀体材料为灰铸铁的球阀。

例 2：型号 Z961Y-260 的阀门，为电动机传动、焊接连接、直通式，阀座密封面材料为堆焊硬质合金，工作压力为 26MPa，阀体材料为灰铸铁的闸阀。

例 3：型号 J61T-25 的阀门，为液动、焊接连接、垂直板式，阀座密封面材料为铸铜，阀体密封面为铜合金，公称压力 2.5MPa，阀体材料为灰铸铁的截止阀。

1.3.2　阀门的标志

阀门出厂前，需要在阀体显眼位置提供技术人员或现场操作人员辨识的标志。对于手动阀门，如果手轮尺寸足够大，则手轮上应设有指示开关方向的箭头。阀门必须使用和可选择使用标志项目如表 1.16 所示。

表 1.16　通用阀门的标志项目

序号	标志项目	序号	标志项目
1	公称通径	11	标准号
2	公称压力	12	熔炼炉号
3	受压部件材料代号	13	内件材料代号
4	制造厂名或商标	14	工位号
5	介质流向或箭头	15	衬里材料代号
6	密封环（垫）代号	16	质量和试验标记
7	极限温度（℃）	17	检验人员印记
8	螺纹代号	18	制造年、月
9	极限压力	19	流动特性
10	生产厂编号		

通用阀门的具体标志规定如下。

（1）表 1.16 中 1 ~ 4 项是必须使用的标志，对于 DN 不小于 50mm 的阀门，应标记在阀体上；对于 DN 不小于 50mm 的阀门，标记在阀体上还是标牌上，由产品设计者规定。

（2）表 1.16 中 5、6 项只有当某类阀门标准中有此规定时才是必须使用的标志，它们应分别标记在阀体及法兰上。

（3）如果各类阀门标准中没有特殊规定，则表 1.16 中 7 ~ 19 项是按照需要选择使用的标志，当需要时，可标记在阀体或标牌上。

1.3.3　特殊阀门型号标志

针对油气田上使用的特殊阀门，在阀体上的标志除表 1.7 的规定外，还应有其他的附加标志。例如，减压阀阀体上的标志还应有出厂日期、适用介质、出口压力等；蒸汽疏水阀的标志按表 1.17 规定，可标在阀体上，也可标在标牌上；安全阀的标志按表 1.18 规定。

表 1.17　蒸汽疏水阀的标志（GB/T 12249—89）

项目	必须使用的标志	项目	可选择使用的标志
1	产品型号	1	阀体材料
2	公称通径	2	最高允许压力
3	公称压力	3	最高允许温度
4	制造厂名或商标	4	最高排水温度
5	介质流向的指示箭头	5	出厂编号、日期
6	最高工作压力		
7	最高工作温度		

表 1.18　安全阀的标志（GB 12241）

项目	标志		项目	标志
1	阀体	公称通径	1	阀门设计的允许最高工作温度
			2	整定压力
2		阀体材料	3	依据型号
			4	制造厂的基准型号
3		制造厂名或商标	5	额定排量系数或对于基准介质的额定排量
4		当进口与出口连接部分的尺寸或压力等级相同时，应有指明介质流动方向的箭头	6	流道面积（mm^2）
			7	开启高度（mm）
			8	超过压力百分数

2 气田常用阀门构造及原理

气田常用阀门包括闸阀、球阀、截止阀、旋塞阀、隔膜阀、蝶阀、止回阀、安全阀、减压阀、节流阀、调节阀等，另外还包括其他非专用阀门，如节流截止放空阀、呼吸阀、孔板阀、发球阀等。以上阀门按驱动方式可分为手动型、气动型、电动型、液动型、气–液联动型。

2.1 手动阀门构造及原理

手动阀门是管路流体输送系统中的控制部件，用于改变通路断面和介质流动方向，具有导流、截止、调节、节流、止回、分流或溢流泄压等功能，主要通过借助手轮、手柄、杠杆、链轮等由人力来操纵的阀门，当阀门启闭力矩较大时可在手轮和阀杆之间设置齿轮或蜗轮减速器，必要时也可以利用传动轴进行远距离操作。

手动阀门是石油化工行业中应用最广的一种阀门，常见的气田手动阀门包括闸阀、球阀、蝶阀、旋塞阀、截止阀、隔膜阀等，这些阀门在集气站、净化厂、处理厂得到广泛应用。

2.1.1 闸阀

2.1.1.1 闸阀的作用及工作原理

闸阀是一种靠启闭闸板控制开关的阀门，开关过程中通过阀门顶端的螺母以及阀体上的导槽,将阀门手轮的旋转运动变为阀杆的直线运动,闸板随阀杆一起运动,方向与流体方向相垂直。闸阀只能作全开和全关,不能调节和节流。闸阀在关闭时,密封面仅依靠介质压力来密封,即依靠介质压力将闸板的密封面压向另一侧的阀座来保证密封面的密封,这就是自密封。目前气田使用的闸阀大部分是采用强制密封的,即阀门关闭时要依靠外力强行将闸板压向阀座,以保证密封面的密封性。开启阀门时,当闸板提升高度等于阀门通径时,流体的通道完全畅通,但在运行时此位置是无法监视的。实际使用时,是以阀杆的顶点作为标志,即开不动的位置,作为它的全开位置。为防止温度变化出现锁死现象,通常在开到顶点位置后,再倒回 1/2~1 圈,作为全开阀门的位置。因此,阀门的全开位置,按闸板的位置即行程来确定。闸阀的实物图和剖面图分别如图 2.1、图 2.2 所示。

图 2.1　闸阀实物图

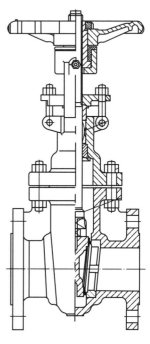

图 2.2　闸阀剖面图

2.1.1.2　闸阀的特点

闸阀不仅适用于蒸汽、油品等介质,同时还适用于含有粒状固体及黏度较大的介质,适用于放空和低真空系统。闸阀具有以下特点。

(1)流体阻力小。因为闸阀阀体内部介质通道是直通的,介质流经闸阀时不改变流动方向,所以流体阻力小。

(2)启闭力矩小。因为闸阀启闭时闸板运动方向与介质流动方向相垂直,与截止阀相比,闸阀的启闭较省力。

(3)介质流动方向不受限制。介质可从闸阀两侧任意方向流过,均能达到使用目的。更适用于介质的流动方向可能改变的管路中。

（4）结构长度较短。因为闸阀的闸板是垂直置于阀体内的，而截止阀阀瓣是水平置于阀体内的，因而结构长度比截止阀短。

（5）密封性能好。全开时密封面受冲蚀较小。

（6）密封面易损伤。启闭时闸板与阀座相接触的两密封面之间有相对摩擦，易损伤，影响密封性能与使用寿命。

（7）启闭时间长，高度大。由于闸阀启闭时需全开或全关，闸板行程大，开启要用一定的空间，外形尺寸高。

2.1.1.3 气田常用闸阀分类及结构

（1）平板闸阀。

平板闸阀是一种关闭件为平行闸板的滑动阀，关闭件可以是单闸板或是其间带有撑开机构的双闸板，主要由阀体、闸板、阀盖、阀杆和手轮组成（图2.3）。平板闸阀适用于带悬浮颗粒的介质，其密封面是自动定位的，同时阀座密封面不会受到阀体热变形的损坏。

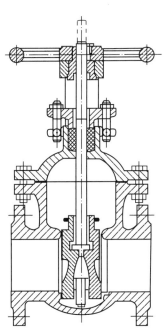

图2.3 双闸板式平板闸阀

平板闸阀可分为刀形平板闸阀、无导流孔平板闸阀、有导流孔平板闸阀。无导流孔平板闸阀闸板如图2.4所示，有导流孔平板闸阀闸板如图2.5所示。

（2）楔式闸阀。

气田目前使用的阀门，大多是楔式闸阀，根据压力等级不同可以分为高压闸阀、中压闸阀和低压闸阀。

图 2.4　无导流孔平板闸阀闸板

图 2.5　有导流孔平板闸阀闸板

　　楔式闸阀的关闭件闸板是楔形的，其密封面与中心线呈一定角度，此角度可根据阀门安装处介质的温度来决定，一般为 2 ～ 10℃，角度随介质温度的升高而增大，从而有效防止温度变化视楔柱的情况而定，使用楔形的目的是为了提高辅助的密封载荷，以使金属密封的楔式闸阀既能保证高的介质压力密封，也能对低的介质压力进行密封。楔式闸阀的实物图和剖面图分别如图 2.6、图 2.7 所示。

图 2.6　楔式闸阀实物图

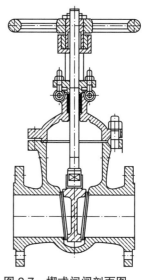

图 2.7　楔式闸阀剖面图

（3）防腐浮动楔式闸阀。

　　防腐浮动楔式闸阀适用于压力不大于 1.6MPa，温度不高于 121℃的水（含污水）、油、天然气（含硫天然气）等管线，作为控制介质流动的启闭装置。其工作原理如下。

　　①采用固定式阀座，楔形弹性单闸板密封，其密封性能可靠，启闭操作灵活。

　　②闸板、阀座采用特殊处理，使得密封面硬度高，耐磨、耐腐蚀，故使用寿命长。

　　③阀体采用合金钢，经热处理后承载能力高。通道为直通式，阀门全开时与直管相

似，流阻很小。

④阀杆密封采用复合填料，综合聚四氟乙烯及氟橡胶各自的优点，使得密封可靠，摩擦力小。

2.1.1.4 常用阀门型号及性能参数

常用阀门型号及性能参数如表 2.1 所示。

表 2.1　常用闸阀型号及性能参数

名称	型号	通径（mm）	压力（MPa）	适用介质 / 安装位置
楔式闸阀	Z15A23C	65	25	集气站进站区
	Z41H-16C	40 ~ 150	1.6	天然气处理厂水处理装置区
	Z41H-320	15	32	集气站注醇泵房
	Z6A23C	25 ~ 65	10	集气站中压区及天然气处理厂
	Z1A23C	20 ~ 50	2.5	集气站自用气区
	KTP41Y-6.4	25 ~ 65	6.4	集气站分离器排污
	Z41H-25C	25 ~ 80	2.5	天然气处理厂水处理装置区
无导流孔平板阀	Z43wF-64	40 ~ 150	6.4	处理厂汇管

2.1.2　球阀

2.1.2.1　球阀的工作原理

球阀的启闭件是一个球体，它利用球形阀芯绕阀杆的轴线旋转 90° 来使阀门畅通或闭塞。球阀在管道上主要用于切断、分配和改变介质流动方向。阀芯开口处设计成 V 形的球阀，还具有调节流量的功能。球阀的实物图和剖面图分别如图 2.8、图 2.9 所示。

图 2.8　球阀实物图

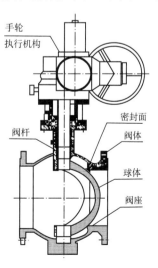

图 2.9　球阀剖面图

2.1.2.2 球阀的特点

（1）流体阻力小。球阀是所有阀类中流体阻力最小的一种，即使是缩径球阀，其流体阻力也相当小。

（2）开关迅速、方便。只要阀杆转动90°，球阀就完成了全开或全关动作，很容易实现快速启闭。

（3）阀座密封性能好。大多数球阀的密封圈都采用聚四氟乙烯等弹性材料制造，软密封结构易于保证启封，而且球阀的密封力随着介质压力的增高而增大。

（4）阀杆密封可靠。球阀启闭时阀杆只做旋转运动而不做升降运动，阀杆的填料密封不易破坏。

（5）由于聚四氟乙烯等材料具有良好的自润滑性，与球阀球体的摩擦损失小，故球阀的使用寿命长。

（6）球阀可配置气动、电动、液动等多种驱动机构，实现远距离控制和自动化操作。

（7）球阀阀体内通道平整光滑，可输送黏性流体、浆液及固体颗粒。

（8）球阀安装简便，能以任意方向安装于管道中的任意部位。

2.1.2.3 气田常用球阀分类及结构

（1）浮动球阀。

浮动球阀的球体是浮动的，在介质压力作用下能产生一定的位移并压紧在出口端的密封面上，保证出口端面密封。浮动球阀的结构简单，密封性好。由于球体承压工作介质的载荷全部传递给出口密封圈，因此要考虑密封圈材料能否经受住球体介质的工作载荷。这种结构广泛应用于中低压球阀。

（2）固定球球阀。

固定球阀，适用于长输管线和一般工业管线。设计时对其强度、安全性、耐恶劣环境性等性能均进行特殊考虑，适用于各种腐蚀性和非腐蚀性介质，目前在气田口径较大的输气管线上广泛使用。

与浮动球阀相比，固定球阀工作时，阀前流体压力在球体上产生的作用力全部传递给轴承，不会使球体向阀座移动，因而阀座不会承受过大的压力，转矩小、阀座变形小、密封性能稳定、使用寿命长，适用于高压、大口径管道。先进的弹簧预阀座组件，具有自紧特性，实现上游密封，每阀有两个阀座，每个方向都能密封，故安装没有流向限制，一般只需要确保水平方向安装即可。固定球阀的实物图和剖面图分别如图2.10、图2.11所示。

固定球阀还可安装阀杆接长装置，以便于阀门埋地时的操作，该类阀门的排泄阀、注脂系统通常都用接管接长露出地面，通常阀杆的接长长度在1～7m。安装阀杆接长装置的固定球阀剖面图如图2.12所示。

图 2.10　固定球阀实物图

图 2.11　固定球阀剖面图

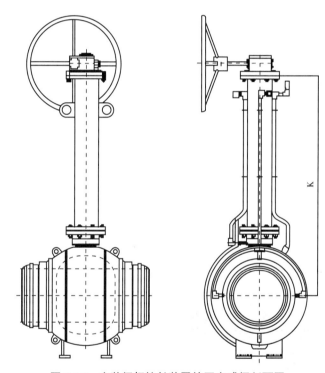

图 2.12　安装阀杆接长装置的固定球阀剖面图

（3）弹性球阀。

弹性球阀，也称轨道球阀，适用于高温高压介质，其球体是弹性的，球体和阀座密封圈都采用金属材料制造，仅依靠介质本身的压力已达不到密封的要求，同时还需施加外力。

弹性球阀主要由阀腔中的阀杆、撑拢装置、弹性球体、阀座组合而成。弹性球体的中间有与球阀通孔相适应的流道孔，在弹性球体侧下处有弹性变形槽（弹性球体通过在球体内壁的下端开一条弹性槽而获得弹性），槽口向下，上端有断开槽，底端有定芯轴。弹性球体与撑拢装置连接，撑拢装置又与球阀的启闭结构和驱动装置连接。弹性球阀关闭时，用阀杆的楔形头使球体涨开与阀座压紧达到密封。在转动球体前先松开楔形头，球体随之恢复原形，使球体与阀座之间出现很小的间隙，可减少密封面的摩擦和操作扭矩。弹性球阀的实物图和剖面图分别如图 2.13、图 2.14 所示。

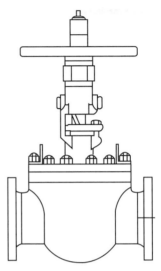

图 2.13　弹性球阀实物图　　　　图 2.14　弹性球阀剖面图

（4）V 形球阀。

V 形球阀是一种固定球阀，也是一种单阀座密封球阀，其调节性能是球阀中最佳的，流量特性是等百分比的，可调比达 100 ∶ 1。其 V 形切口与金属阀座之间具有剪切作用，特别适合含纤维、微小固体颗粒、料浆等介质。固定球阀的实物图和剖面图分别如图 2.15、图 2.16 所示。

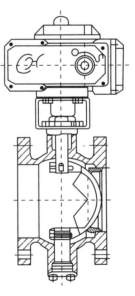

图 2.15　V 形球阀实物图　　　　图 2.16　V 形球阀剖面图

2.1.2.4 常用阀门型号及性能参数

常用阀门型号及性能参数如表 2.2 所示。

表 2.2　常用球阀型号及性能参数

名称	型号	通径（mm）	压力（MPa）	适用介质/安装位置
球面截断阀	EWQ41HY–16	25 ~ 100	1.6	处理厂罐区及原料加热区
球阀	G600–M–71–2200WV–5	100 ~ 200	10	输气支、干线
球阀	KQ8A23C	100 ~ 600	10	输气支、干线
球阀	Q41F	25 ~ 80	1.6 ~ 10	锅炉燃气进口处
轨道球阀	HPGO–6.4–N–S–S	200	6.4	输气支、干线

2.1.3　蝶阀

2.1.3.1　蝶阀的工作原理

蝶阀又称翻板阀，是用圆形蝶板作启闭件并随阀杆转动来开启、关闭和调节流体通道的阀门，可用作调节阀，也可用于低压管道介质的开关控制。蝶阀的蝶板安装于管道的直径方向，在蝶阀阀体圆柱形通道内，圆盘形蝶板绕着轴线旋转，旋转角度为0° ~ 90°，旋转到90°时呈全开状态。蝶阀的阀杆为通杆结构，经调质处理后有良好的综合力学性能、抗腐蚀性和抗擦伤性。蝶阀启闭时阀杆只做旋转运动而不做升降运行，阀杆的填料不易破坏，密封可靠，同时与蝶板锥销固定，外伸端为防冲出型设计，可避免阀杆在与蝶板连接处意外断裂时崩出。

2.1.3.2　蝶阀的特点

蝶阀具有结构简单、体积小、质量轻、材料耗用省、安装尺寸小、开关迅速、90°往复回转、驱动力矩小等特点，用于截断、接通、调节管路中的介质，具有良好的流体控制特性和关闭密封性能。蝶阀的密封形式为弹性密封和金属密封，但均具有受温度限制的缺陷：金属密封的阀门一般比弹性密封的阀门寿命长，能适应较高的工作温度，但同时也很难做到完全密封。

蝶阀处于完全开启位置时，蝶板厚度是介质流经阀体时唯一的阻力，因此通过该阀门所产生的压力降很小，故具有较好的流量控制特性。如果要求蝶阀作为流量控制使用，主要是正确选择阀门的尺寸和类型，蝶阀的结构尤其适合制作大口径阀门。

2.1.3.3　气田常用蝶阀分类及结构

常用蝶阀包括：对夹式蝶阀、法兰式蝶阀和对焊式蝶阀。对夹式蝶阀是用双头螺栓将阀门连接在两管道法兰之间；法兰式蝶阀是阀门上带有法兰，用螺栓将阀门上两端法兰连接在管道法兰上；对焊式蝶阀的两端面与管道焊接连接。蝶阀的实物拆分图如图2.17 所示。

图 2.17　蝶阀的实物拆分图

（1）中心密封蝶阀。

中心密封蝶阀的密封原理是阀板在加工时保证其密封面具有合适的表面粗糙度值，阀板的外圆密封面挤压合成橡胶阀座，使合成橡胶阀座产生弹性变形而形成弹性力作为密封比压保证阀门的密封。

密封结构一般采用聚四氟乙烯、合成橡胶构成复合阀座。其特点在于阀座的弹性仍然由合成橡胶提供，并利用聚四氟乙烯的摩擦系数低、不易磨损、不易老化等特性，采用聚四氟乙烯作为阀座密封面材料，从而使蝶阀的寿命得以提高。中心密封蝶阀的剖面如图 2.18 所示。

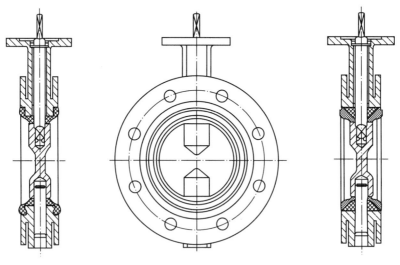

图 2.18　中心密封蝶阀剖面图

（2）单偏心密封蝶阀。

单偏心密封蝶阀的密封原理是由于阀板的回转中心（即阀门轴中心）与阀板密封

截面按偏心设置，使阀板与阀座上的密封面形成一个完整的整圆，因而在加工时更易保证阀板与阀座密封面的表面粗糙度值。其阀板的回转中心（即阀门轴中心）位于阀体的中心线上，且与阀板密封截面形成一个尺寸偏置。当单偏心密封蝶阀处于完全开启状态时，其阀板密封面会完全脱离阀座密封面，在阀板密封面与阀座密封面之间形成一个间隙，该类蝶阀的阀板 0°～90° 开启时，阀板的密封面会逐渐脱离阀座的密封面。通常的设计是当阀板从 0° 转动至 20°～25° 时阀板密封面即可完全脱离阀座密封面，从而使蝶阀启闭过程中阀板与阀座的密封面之间相对机械磨损、挤压大为降低，蝶阀的密封性能得以提高。当关闭蝶阀时，通过阀板的转动，阀板的外圆密封面逐渐接近并挤压聚四氟乙烯阀座，使聚四氟乙烯阀座产生弹性变形而形成弹性力作为密封比压保证蝶阀的密封。单偏心密封蝶阀作用的剖面图如图 2.19 所示。

（3）双偏心密封蝶阀。

双偏心密封蝶阀的结构特征是阀板回转中心（即阀门轴中心）与阀板密封截面形成一个尺寸偏置，并与阀体中心线形成另一个尺寸偏置，使得该类蝶阀的阀板 0°～90° 开启。当开启蝶阀时，阀板的密封面会比单偏心密封蝶阀更快地脱离阀座密封面。通常的设计是当阀板从 0° 转动至 8°～12° 时阀板密封面即可完全脱离阀座密封面，从而使蝶阀在启闭过程中，阀板与阀座的密封面之间相对机械磨损、挤压转角行程更短，从而使机械磨损、挤压变形更为降低，蝶阀的密封性能更为提高。当关闭蝶阀时，通过阀板的转动，阀板的外圆密封面逐渐接近并挤压阀座，使其产生弹性变形而形成弹性力作为密封比压保证蝶阀密封。双偏心密封蝶阀的剖面图如图 2.20 所示。

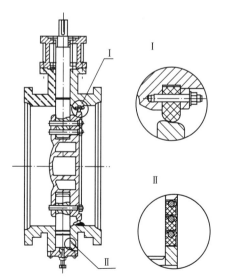

图 2.19 单偏心密封蝶阀作用剖面图

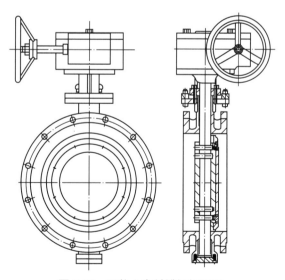

图 2.20 双偏心密封蝶阀剖面图

2.1.3.4 常用阀门型号及性能参数

常用阀门型号及性能参数如表 2.3 所示。

表 2.3　常用碟阀型号及性能参数

名称	型号	通径（mm）	压力（MPa）	适用介质/安装位置
手动蝶阀	TY-D3F4H-16C	50/150	1.6	处理厂消防水罐区
手动蝶阀	TY-D71CF46-16C	40	1.6	处理厂制氮装置区
手动蝶阀	TY-D361H-250	50	2.5	集气站污水罐进口处
蝶阀	KQ347F	76	10	集气站分离器顶部

2.1.4　旋塞阀

2.1.4.1　旋塞阀的工作原理

旋塞阀的启闭件是一个有孔的圆柱体，绕垂直于通道的轴线旋转，从而达到启闭通道的目的。旋塞阀主要供开启和关闭管道及设备介质之用，塞体随阀杆转动，以实现启闭动作。旋塞阀的塞体多为圆锥体或圆柱体，与阀体的圆锥孔面配合组成密封副。小型无填料的旋塞阀又称为"考克"。旋塞阀的实物图如图 2.21 所示。

图 2.21　旋塞阀实物图

2.1.4.2　旋塞阀的特点

旋塞阀结构简单、开关迅速、流体阻力小，是最早使用的阀门之一。普通旋塞阀靠精加工的金属塞体与阀体间的直接接触来密封，所以密封性较差，启闭力大，容易磨损，通常只用于低压力区域。

（1）结构简单，外形尺寸小，质量轻。

（2）流体阻力小，介质流经旋塞阀时，流体通道可以缩小，因而流体阻力小。

（3）启闭迅速、方便，介质流动方向不受限制。

（4）启闭力矩大，启闭费力，因阀体与塞子是靠锥面密封，其接触面积大。但若采用润滑的结构，则可减少启闭力矩。

（5）密封面为锥面，密封面较大，易磨损；高温下易产生变形而被卡住；锥面加工（研磨）困难，难以保证密封，且不易维修。但若采用油封结构，可提高密封性能。

2.1.4.3　气田常用旋塞阀分类及结构

（1）软密封旋塞阀。

软密封旋塞阀常用于腐蚀性、剧毒及高危害介质等苛刻环境、严禁泄漏及阀门材料不对介质形成污染等场合。阀体可根据工作介质选用碳钢、合金钢及不锈钢材料。

（2）油润滑硬密封旋塞阀。

油润滑硬密封旋塞阀分常规油润滑旋塞阀、压力平衡式旋塞阀两种。特制的润滑脂从塞体顶部注入阀体锥孔与塞体之间，形成油膜以减小阀门启闭力矩，提高密封性和使用寿命。其工作压力可达64MPa，最高工作温度可达325℃，最大口径可达600mm。油润滑硬密封旋塞阀的实物图和剖面图分别如图2.22、图2.23所示。

阀杆

密封脂加注孔

连接法兰

阀芯

调节螺丝

图2.22　油润滑硬密封旋塞阀实物图

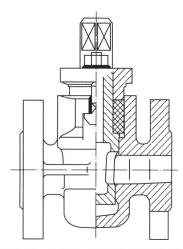

图2.23　油润滑硬密封旋塞阀剖面图

（3）提升式旋塞阀。

提升式旋塞阀有多种结构形式，按密封面的材料分为软密封和硬密封两种。开启旋塞阀时旋塞上升，旋塞再转动90°到阀门全开过程能减少与阀体密封面的摩擦力；关闭旋塞阀时使旋塞转动90°至关闭位置后再下降与阀体密封面接触达到密封。提升式旋塞阀的实物图和剖面图分别如图2.24、图2.25所示。

图2.24　提升式旋塞阀实物图

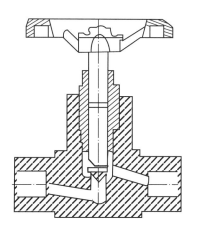

图2.25　提升式旋塞阀剖面图

2.1.4.4 常用阀门型号及性能参数

常用阀门型号及性能参数如表 2.4 所示。

表 2.4 常用旋塞阀型号及性能参数

名称	型号	通径（mm）	压力（MPa）	适用介质 / 安装位置
旋塞阀	K3045C	50	25	进站放空管线
旋塞阀	KX43F-16TI	50	1.6	自用气放空管线
软密封旋塞阀	X43X		10 ~ 25	腐蚀性、剧毒及高危害介质
油密封旋塞阀	X47		1.0 ~ 2.5	煤气、油品
金属硬密封提升式旋塞阀	TX41H–A1C		1.6 ~ 16	水、蒸汽、油品等

2.1.5 截止阀

2.1.5.1 截止阀的工作原理

截止阀属于强制密封式阀门，只适用于全开和全关，不允许作调节和节流。其启闭件是塞形的阀瓣，密封面呈平面或锥面，阀瓣沿流体的中心线做直线运动，关闭阀门时需向阀瓣施加压力以强制密封面不泄漏。截止阀的阀杆运动形式分升降杆式（阀杆升降，手轮不升降）、升降旋转杆式（手轮与阀杆一起旋转升降，螺母设在阀体上）。

当介质由阀瓣下方进入阀内时，操作力所需要克服的阻力是阀杆和填料的摩擦力与由介质的压力所产生的推力，关阀门的力比开阀门的力大，所以阀杆的直径要大，否则会发生阀杆顶弯的故障。通过完善截止阀内部结构改变介质流向，由阀瓣上方进入阀腔，在介质压力作用下使关闭阀门的力减小、开启阀门的力增大，阀杆的直径也相应减少，同时有效增加阀门的严密性能。开启截止阀时，阀瓣的开启高度达到公称通径 25% ~ 30% 时流量已达到最大，表示阀门已达全开位置，故截止阀的全开位置应由阀瓣的行程来决定。

2.1.5.2 截止阀的特点

（1）在开启和关闭过程中，由于阀瓣与阀体密封面间的摩擦力比闸阀小，因而耐磨。

（2）开启高度比闸阀小得多。

（3）通常在阀体和阀瓣上只有一个密封面，便于维修。

（4）截止阀的缺点主要是介质在体腔中从直线方向变为向上流动，造成压力损失较大，特别是在液压装置中，这种压力损失尤为明显。

2.1.5.3 气田常用截止阀分类及结构

（1）直通式截止阀。

直通式截止阀的实物图和剖面图分别如图 2.26、图 2.27 所示。

图 2.26　直通式截止阀实物图

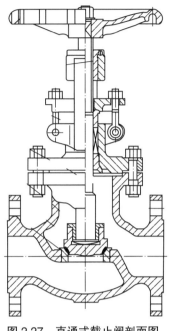

图 2.27　直通式截止阀剖面图

（2）直流式截止阀。

　　直流式截止阀阀体的流道与主流道成一斜线，使流动状态的破坏程度比常规截止阀小，也使通过阀门的压力损失小于常规结构截止阀的压力损失。直流式截止阀的实物图和剖面图分别如图 2.28、图 2.29 所示。

图 2.28　直流式截止阀实物图

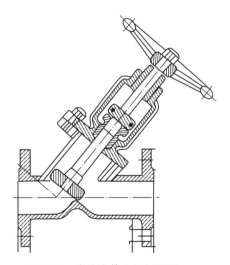

图 2.29　直流式截止阀剖面图

（3）角式截止阀。

　　角式截止阀的流体只需改变一次方向，即可使通过阀门的压力损失小于常规结构截止阀的压力损失。角式截止阀的实物图和剖面图分别如图 2.30、图 2.31 所示。

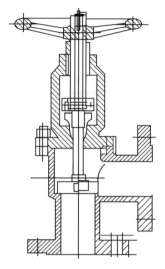

图 2.30　角式截止阀实物图　　　　　图 2.31　角式截止阀剖面图

（4）柱塞式截止阀。

柱塞式截止阀是常规截止阀的变形，其阀瓣和阀座通常是基于柱塞原理设计的，阀瓣磨光成柱塞与阀杆相连接。密封是由套在柱塞上的两个弹性密封圈实现的，这两个弹性密封圈用一个套环隔开，并通过由阀盖螺母施加在阀盖上的载荷把柱塞周围的密封圈压牢。柱塞式截止阀内采用一般形式的柱塞或特殊的套环，则主要用于开或关，但如果柱塞式截止阀内采用特制形式的柱塞或特殊的套环，则还可用于调节流量。柱塞式截止阀的实物图和剖面图分别如图 2.32、图 2.33 所示。

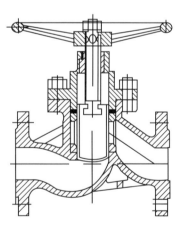

图 2.32　柱塞式截止阀实物图　　　　　图 2.33　柱塞式截止阀剖面图

（5）高密封取样截止阀。

高密封取样截止阀是一种小型的截止阀，一般用于压力表取样或液位取样的控制，用于压力表取样的高密封取样截止阀上设有放空口，可对阀后压力表部分进行泄压（图 2.34）。

 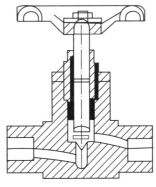

图 2.34　高密封压力表取样截止阀

2.1.5.4　常用阀门型号及性能参数

常用阀门型号及性能参数如表 2.5 所示。

表 2.5　常用截止阀型号及性能参数

名称	型号	通径（mm）	压力（MPa）	适用介质/安装位置
截止阀	J41H-25	50	2.5	处理厂罐区
截止阀	JH41Y-320	15	32	集气站注醇泵房
节流截止放空阀	FJ41Y	50	6.425	放空管线
截止阀	J41F	25	6.4	加热炉供气管线
截止阀	J13H-160	15	6.4	液位计控制阀
抗硫高密封压力表取样截止阀	KGMJ11F/H-320P	15	32	井口压力表旋塞
抗硫高密封压力表取样截止阀	KGMJ11F/H-250P	15	25	集气站压力表旋塞
高密封压力表取样截止阀	GMJ11F/H-64P	15	6.4	压力表旋塞
抗硫压力表取样截止阀	KJWJ21H-10PII	15	10	压力表旋塞

2.1.6　节流阀

2.1.6.1　节流阀的工作原理

节流阀是一种特殊的截止阀，可通过改变节流截面或节流长度以控制流体流量。将节流阀和单向阀并联则可组合成单向节流阀。节流阀和单向节流阀均是简易的流量控制阀，节流阀没有流量负荷反馈功能，不能补偿由负载变化所造成的速度不稳定，一般仅用于负载变化不大或对速度稳定性要求不高的场合。节流阀剖面图如图 2.35 所示。

2.1.6.2　节流阀的特点

（1）构造较简单，便于制造和维修，成本低。

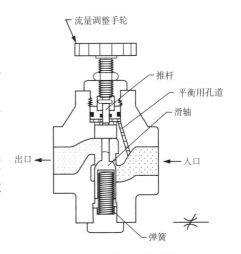

图 2.35　节流阀剖面图

（2）调节力矩小，动作灵敏。

（3）流量调节范围大，流量－压差变化平滑。

（4）密封面易冲蚀，不能作切断介质用。

（5）密封性较差。

2.1.6.3 气田常用节流阀分类及结构

节流阀分为直流式节流阀、角式节流阀和柱塞式节流阀。

目前气田运用比较多的节流阀是角式节流阀，是一种调节流量和压力的阀门，主要用于气井产出天然气的节流降压，一般将阀塞设计为锥形，锥度一般有 1 ： 50 和 1 ： 60 锥角两种，锥表面经过精细研磨以达到细微调节流量的作用。在调节气体流量时，从关闭到最大开启能连续细微地调节。角式节流阀的阀塞与阀座间的密封是依靠锥面紧密配合达到的，阀杆与阀座间的密封是靠波纹管实现的。角式节流阀的实物图和剖面图分别如图 2.36、图 2.37 所示。

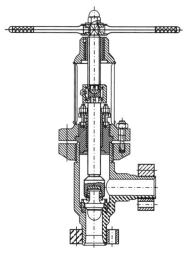

图 2.36　角式节流阀实物图　　　　图 2.37　角式节流阀剖面图

JLK45-70 手动可调式节流阀主要对油（气）井产出液（气）流起到节流或调节压力作用。

手动可调式节流阀在调节流量时，通过改变通道面积来调节节制流量与压力；通过改变节流孔的面积，使介质的流速与动能增加，使液体的压力及流量减少，从而达到减压节流的目的。其结构特点如下。

（1）阀芯、阀座均采用堆焊硬质合金，具有较强的耐磨损、耐腐蚀和抗冲蚀能力，但韧性差、易脆断，故不宜用作关闭阀，即只能节流，不能截止。

（2）阀杆采用抗硫材质并通过热处理，能在含 H_2S 的环境中使用。

（3）阀体、阀盖采用合金结构钢锻造并经调质处理，各种性能达到相关抗硫标准的要求。

（4）外部设有明显流量指示器，可以准确地控制流量。

（5）手轮采用无级变量，随时可改变流量大小，上部带有锁紧装置，防止过流面积改变，以保证调节流量的准确性和稳定性。

（6）阀盖处设有排放存压机构，便于排尽阀腔内介质压力，以便在线更换阀芯、阀座。

（7）该节流阀在更换阀芯、阀座、阀杆、填料等易损件时，不需要拆卸阀门，能方便快捷地更换，达到节约成本、降低劳动强度的目的。

2.1.6.4 常用阀门型号及性能参数

常用阀门型号及性能参数如表 2.6 所示。

表 2.6　常用节流阀型号及性能参数

名称	型号	通径（mm）	压力（MPa）	适用介质/安装位置
角式节流阀	KL44Y-320	50-65	32	集气站节流总机关
角式节流阀	KL44Y-250	50	25	集气站节流总机关
笼套式节流阀	SCO13134	50	25	集气站节流总机关
节流针阀	L44Y-64	25	10	集气站自用气减压区

2.1.7　清管阀

为了确保天然气管线运输的高效和畅通，必须定期对管道进行清管作业。清管作业是输气管线正常使用过程中的重要工作。传统的清管装置由发射（或接收）筒体、阀门进出管线、放空及排放管线等组成。整套装置占地面积大，操作比较复杂。清管阀是新研制的一种可以代替清管装置的阀门。它具备了传统的清管装置的全部功能，用清管阀代替传统的清管装置，使管线运输系统结构简化。清管阀（图 2.38、图 2.39）以其占地面积小和操作简单等突出优点而得到广泛使用。

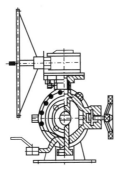

图 2.38　清管阀

图 2.39　清管器

2.1.7.1 清管阀原理

清管阀通过球体 90°旋转实现阀门的启闭，阀门在全开或全关的状态下都可以排放腔体中的介质，它的阀体侧面开设有与流道中心线垂直的支管，支管上安装快开盲板和排放阀，使清管器能方便地送入和取出，球体通道的一端设置成能阻挡清管器通过但又允许介质流通的挡条。

首先将清管器置入清管阀的球体内腔，通过球体在相互垂直的三通阀体内，做90°旋转运动。当球体通道和管线通道在同一轴线时，清管器在管道内的流体压力作用下，被清管阀发射。发射清管器的方法为旋转球体90°，打开放泄球阀，排放后关闭，打开封门，装入清管器，关闭放泄球阀，拧紧封门，旋转球体90°，发射清管器。接收清管器的方法为旋转球体90°，打开放泄球阀，排放后关闭，打开封门，取出清管器，拧紧封门，旋转球体90°，恢复输送。

2.1.7.2 清管阀分类及结构

清管阀是在T形三通固定式球阀结构基础上改型和增加功能后设计而成的新型阀门。根据用途不同，清管阀有标准型、旁通型和隔离型。

（1）标准型。

标准型（PC型）清管阀（图2.40）的球体孔径比连接管道内径约大25%，孔径的一端设有允许介质通过但能阻止清管器的挡条，在取出和装入清管器时，流体暂时断流。

（2）旁通型。

在不允许输送介质暂时断流的场合，使用旁通型（PB型）清管阀（图2.42）。它的球体比标准的清管阀大，孔径尺寸和结构与标准清管阀一样，但在孔径轴线垂直方向开有两个旁通流道，其总流通截面约为阀孔径截面的25%。清管器发射接收全过程中流体流动不会中断。

（3）隔离型。

隔离型（PS型）清管阀（图2.41）的球体孔径只比连接管道内径约大3%，为了尽量减少隔离球上下游介质的混合，孔径挡条上游侧安装有附加的密封环。

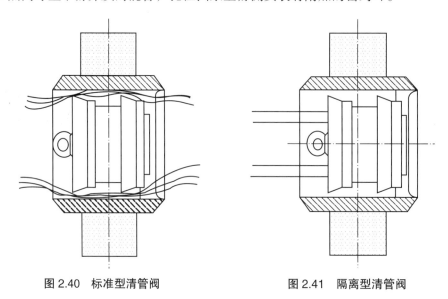

图2.40　标准型清管阀　　　　图2.41　隔离型清管阀

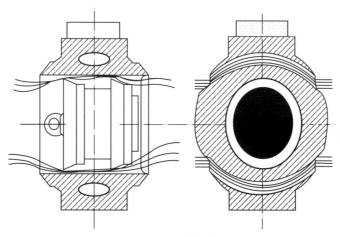

图 2.42　旁通型清管阀

①快开阀盖结构。

快开阀盖是封堵放入或取出清管器口的部件，同时又是承压管线的压力边界，其一般采用卡口式快卸接头结构。对于小口径清管阀，由于快开阀盖质量轻，可采用直接卸下式。对于大口径清管阀（DN>200mm），由于快开阀盖质量较重，一般设计成连杆门式结构（图 2.43）。

②泄压结构。

由于长输管线的清管作业是在油气输送不停止，并且主通道带压力的工况条件下进行的，因此，清管阀必须设有泄压机构，并且确保在清管器放入或取出时，在打开阀盖之前，清管阀内腔不带压。为了保证清管作业的安全应采取有效的防护措施。

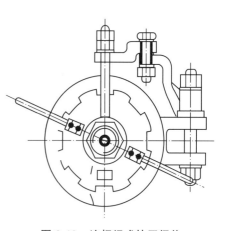

图 2.43　连杆门式快开阀盖

①设置清管阀内腔泄压阀。

②快开阀盖上设置定位销，并在显著的位置设置安全警告牌，严禁在内腔泄压未尽的情况下打开阀盖。

③设计阀盖定位销与泄压阀的联动互锁机构，万一发生误操作，当提起定位销时通过联动杆首先强制打开泄压阀，以确保系统安全，阀盖定位销与液压阀的联动互锁机构。

2.1.8　隔膜阀

2.1.8.1　隔膜阀的工作原理

隔膜阀是一种特殊形式的截断阀，其启闭件是一块用软质材料制成的隔膜，将下部阀体内腔与上部阀盖内腔及驱动部件隔开，使位于隔膜上方的阀杆、阀瓣等零件不受介质腐蚀，省去填料密封结构且不会产生介质外漏，同时转动手轮带动阀杆上下移动，能将弹性体薄膜紧压在阀座上用来隔断气路，使隔膜离开阀座打开阀门或使隔膜紧压在阀座上关闭阀门。隔膜阀的实物图和剖面图分别如图 2.44、图 2.45 所示。

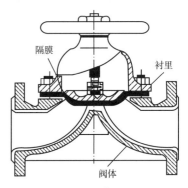

图 2.44　隔膜阀实物图　　　　　图 2.45　隔膜阀剖面图

2.1.8.2　隔膜阀的特点

（1）隔膜阀结构简单，只由阀体、隔膜和阀盖组合件三个主要部件构成，易于快速拆卸和维修，更换隔膜可以在现场及短时间内完成。

（2）用隔膜将下部阀体内腔与上部阀盖内腔隔开，使位于隔膜上方的阀杆、阀瓣等零件不受介质腐蚀，且不会产生介质外漏，省去填料密封结构。

（3）隔膜阀因工作介质接触的仅是隔膜和阀体，二者均可采用多种不同材料，故能理想地控制多种工作介质，尤其适合带有化学腐蚀性或悬浮颗粒的介质。隔膜阀采用橡胶或塑料等软质密封材料制作隔膜，密封性较好。由于隔膜易损坏，应视工况及介质特性而定期更换。

（4）受隔膜材料限制，隔膜阀适用于低压、温度不高的场合，它的工作温度范围为 –50 ~ 175℃。

（5）具有良好的防腐蚀特性。

2.1.8.3　气田常用隔膜阀分类及结构

隔膜阀的种类很多，分类方法多样，但因隔膜阀的用途主要取决于阀体衬里材料和隔膜材料，故可按阀座结构形式分堰式隔膜阀和直通式隔膜阀。

（1）堰式隔膜阀。

堰式隔膜阀的隔膜与承压套相连，承压套再与带螺纹的阀杆相连，关闭阀门时隔膜被压下，与阀体堰形构造密封，或与阀门内腔轮廓密封，或与阀体内的某一部位密封，这取决于阀门的内部结构设计。隔膜的材料可以是人造合成橡胶或带有合成橡胶衬里的聚四氟乙烯，故只需用较小的操作力和较短的隔膜行程即可启闭阀门。标准的堰式隔膜阀也可适用于真空中，不过用于高真空时隔膜需特殊增强。

堰式隔膜阀在关闭至接近 2/3 开启位置时也可用于流量控制，但为防止密封面受到腐蚀物质和在液体介质中引起气蚀损害，应尽量避免在接近关闭位置时进行流量控制。堰式隔膜阀的实物图和剖面图分别如图 2.46、图 2.47 所示。

图 2.46　隔膜阀实物图

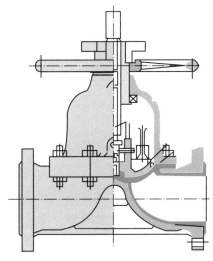

图 2.47　隔膜阀剖面图

（2）直通式隔膜阀。

直通式隔膜阀没有堰，流体在阀门内腔直流，特别适用于某些黏性流体、水泥浆以及沉淀性流体。直通式隔膜阀相对堰式隔膜阀，其隔膜的行程较长，故使隔膜选择合成橡胶材料的范围受到限制。直通式隔膜阀的实物图和剖面图分别如图 2.48、图 2.49所示。

图 2.48　直通式隔膜阀实物图

图 2.49　直通式隔膜阀剖面图

2.1.8.4　常用阀门型号及性能参数

常用阀门型号及性能参数如表 2.7 所示。

表 2.7　常用隔膜阀型号及性能参数

名称	型号	材质	压力（MPa）	温度（℃）	适用介质
隔膜阀	G41FA–10/16	增强聚丙烯衬里	0.6 ~ 1.6	–14 ~ 90	石油、燃料
隔膜阀	G41F2–X	二氟乙烯衬里	0.6 ~ 1.6	–40 ~ 140	盐、酸、碱、烃
隔膜阀	EG41J–X	衬胶	0.6 ~ 1.6	≤ 85	一般腐蚀性流体
隔膜阀	EG41WJ–X	衬胶	0.6 ~ 1.6	≤ 100	非腐蚀性流体
隔膜阀	EG41WJFS–X	衬胶	0.6 ~ 1.6	≤ 150	强酸及有机溶剂

2.1.9　减压阀

2.1.9.1　减压阀的工作原理

减压阀的作用是使进口压力减至需要的出口压力，并依靠介质本身的能量使出口压力自动保持稳定的阀门。从流体力学的观点看，减压阀是一个局部阻力可变化的节流元件，即通过改变节流面积使流速及流体的动能改变，造成不同的压力损失，最终达到减压目的，再依靠控制与调节系统的调节使阀后压力的波动与弹簧力相平衡，使阀后压力在一定的误差范围内保持恒定。减压阀按动作原理分直接作用减压阀和先导式减压阀。直接作用式减压阀是利用出口压力的变化直接控制阀瓣的运动；先导式减压阀由导阀和主阀组成，出口压力的变化通过导阀放大来控制主阀阀瓣的运动。减压阀的剖面图如图 2.50 所示。减压阀的基本性能如下。

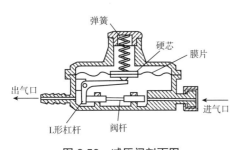

图 2.50　减压阀剖面图

调压范围：指减压阀输出压力 P_2 的可调范围，在此范围内要求达到规定的精度。调压范围主要与调压弹簧的刚度有关。

压力特性：指流量 g 为定值时，因输入压力波动而引起输出压力波动的特性。输出压力波动越小，减压阀的特性越好。输出压力必须低于输入压力一定值才基本上不随输入压力变化而变化。

流量特性：指输入压力一定时，输出压力随输出流量 g 的变化而变化的特性。当流量 g 发生变化时，输出压力的变化越小越好。一般输出压力越低，它随输出流量的变化波动就越小。

2.1.9.2　减压阀的特点

（1）薄膜式减压阀是利用薄膜作传感件来带动阀瓣升降的减压阀，薄膜的行程小，容易老化损坏，受温度的限制，耐压能力低，故通常用于水、空气等温度和压力不高的条件下。

（2）弹簧薄膜式减压阀是利用弹簧和薄膜作传感元件，带动阀瓣升降的减压阀，主要由阀体、阀盖、阀杆、阀瓣、薄膜、调节弹簧和调节螺钉等组成，除具有薄膜式的特点外，其耐压性能比薄膜式高。

（3）活塞式减压阀是利用活塞机构来带动阀瓣做升降运动的减压阀，与薄膜式相比，体积较小，阀瓣开启行程大，耐温性能好，但灵敏度较低，制造困难，故普遍用于蒸汽和空气等介质管道中。

（4）波纹管式减压阀是利用波纹管机构来带动阀瓣升降的减压阀，适用于蒸汽和空气等介质管道中。

2.1.9.3 气田常用减压阀分类及结构

（1）作用式减压阀。

作用式减压阀带有平膜片或波纹管，独立结构，利用被调介质自身调节压力，压力设定值在运行中可随意调整，无需在下游安装外部传感器。作用式减压阀是三种减压阀中体积最小、使用最经济的一种，主要适用于中低流量的各种气体、液体及蒸汽介质的减压、稳压。作用式减压阀的精确度通常为下游设定点的 ±10%。

（2）活塞式减压阀。

活塞式减压阀（图 2.51、图 2.52）集导阀和主阀于一体，导阀的设计与直接作用式减压阀类似，来自导阀的排气压力作用在活塞上，使活塞打开主阀，若主阀较大无法直接打开时，这种设计就会利用入口压力打开主阀，故活塞式减压阀与直接作用式减压阀相比，在相同的管道尺寸下，容量和精确度（±5%）更高。活塞式减压阀与直接作用式减压阀相同的是，减压阀内部感知压力，无需外部安装传感器。

图 2.51　活塞式减压阀实物图

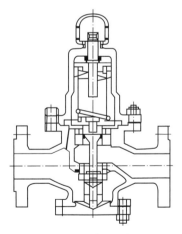

图 2.52　活塞式减压阀剖面图

（3）薄膜式减压阀。

薄膜式减压阀（图 2.53、图 2.54）的双膜片代替了内导式减压阀中的活塞，这个增大的膜片面积能打开更大的主阀，且在相同的管道尺寸下其容量比内导式活塞减压阀更大，最大减压比可达 20：1；同时膜片对压力变化更为敏感，精确度可达 ±1%（精确

天然气开发常用阀门手册

性更高是因在阀外部的下游传感线的定位，其所在位置气体或液体动荡更少）。薄膜式减压阀非常灵活，可采用不同类型的导阀。

图2.53　薄膜式减压阀实物图

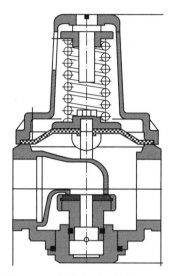

图2.54　薄膜式减压阀剖面图

（4）先导式减压阀。

　　当减压阀的输出压力较高或通径较大时，用调压弹簧直接调压，则弹簧刚度必然过大，流量变化时，输出压力波动较大，阀的结构尺寸也将增大。为了克服这些缺点，可采用先导式减压阀。先导式减压阀的工作原理与直动式的基本相同。先导式减压阀所用的调压气体，是由小型的直动式减压阀供给的。若把小型直动式减压阀装在阀体内部，则称为内部先导式减压阀（图2.55）；若将小型直动式减压阀装在主阀体外部，则称为外部先导式减压阀（图2.56）。

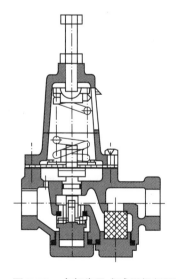

图2.55　内部先导式减压阀剖面图

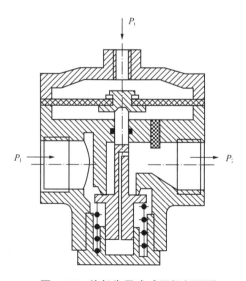

图2.56　外部先导式减压阀剖面图

图 2.55 为内部先导式减压阀的结构图，与直动式减压阀相比，该阀增加了由喷嘴、挡板、固定节流孔及气室所组成的喷嘴挡板放大环节。当喷嘴与挡板之间的距离发生微小变化时，就会使上气室中的压力发生明显的变化，从而引起膜片有较大的位移，去控制阀芯的上下移动，使进气阀口开大或关小，提高了对阀芯控制的灵敏度，即提高了稳压精度。

下面是两种常用的减压阀。

（1）Fisher 系列减压阀。

Fisher 系列减压阀常用的有四种，如图 2.57 ~ 图 2.60 所示。

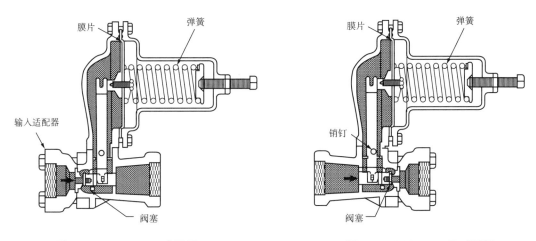

图 2.57　Fisher 630 减压阀　　　　　图 2.58　Fisher 630R 减压阀

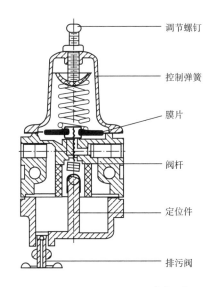
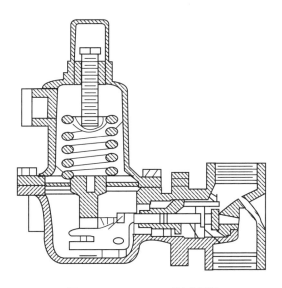

图 2.59　Fisher 67AF 型减压阀　　　　图 2.60　Fisher 627 型减压阀

Fisher 630 减压阀的输出压力作用在膜片之下，只要输出压力低于设置压力，作用在膜片上弹簧的弹力引起连杆打开阀，当输出压力超过该设置压力时，膜片移动，压缩弹簧，迫使连杆关闭阀，直到输出压力与设置压力相平衡。

（2）GYF–250 型定压输出减压阀。

GYF–250 型定压输出减压阀通过启闭件的节流，将进口压力降至某一需要的出口压力，并借助介质本身能量，使阀后压力自动满足预定要求，适应相应工况的需要。阀进口压力与出口压力之差必须不低于 0.15MPa。

如图 2.61 所示，GYF–250 型定压输出减压阀由主阀和导阀（图 2.62）两部分组成，主阀体下部有下盖、主阀弹簧、主阀瓣，主阀瓣由主阀弹簧支撑，使主阀处于密封状态。主阀体上部有活塞、缸套；当活塞受介质压力后，靠缸套导向推动主阀瓣；导阀体内有导阀弹簧、导阀瓣，膜片等，导阀弹簧支撑导阀瓣，使导阀处于密封状态；导阀上盖内有调节弹簧、调节螺栓，便于调节所需的工作压力。

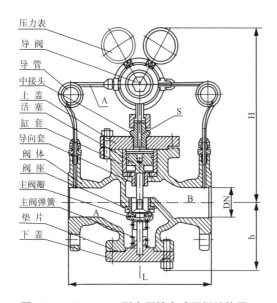

图 2.61　GYF–250 型定压输出减压阀结构图

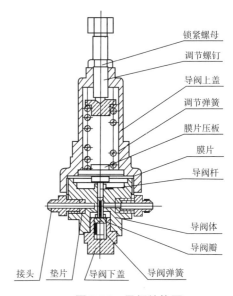

图 2.62　导阀结构图

本阀出厂时，主阀与导阀是关闭的，使用时，顺时针方向旋转调节螺栓，顶开导瓣阀，介质由"A"道通入导阀腔进入"S"道，靠介质压力推动活塞，使主阀瓣开启，介质流向阀后，同时有"B"道进入膜片下腔。当阀后压力超过调定压力时，推动膜片压缩调节弹簧，导阀渐渐关闭，流入活塞上部介质减少，活塞上升使主阀瓣在主阀弹簧的作用下渐渐关闭，A 腔流向 B 腔介质较少，阀后压力下降，阀后压力微小的变化，影响膜片和调节弹簧的平衡使膜片上下移动，推动导阀和活塞工作，使主阀上下移动控制介质流量，所以阀后压力保持稳定。

2.1.9.4　常用阀门型号及性能参数

常用减压阀型号及性能参数如表 2.8 所示。

表2.8 常用减压阀型号及性能参数

名称	型号	通径（mm）	压力（MPa）	适用介质/安装位置
减压阀	627R-1124	25	10	集气站自用气区
减压阀	RTZ-25G	25	10	集气站采暖炉
活塞式减压阀	Y43H	15～100	1.6～16	蒸汽、空气
直接作用式减压阀	ZY11	15～50	1.6	

2.1.10 液位控制阀

图2.63为液位控制阀剖面图，液位控制原理如图2.64所示。在通常位置上，由于浮球质量产生的逆时针力矩与由调节弹簧产生的顺时针力矩以及通过操纵杆A作用到浮球的逆时针力矩关于支点O平衡。当液位上升时，浮球受到的作用力在向上方向上增大，将导致上述三个力矩不平衡，不平衡通过操纵杆A和B传给转换器，转换器做出响应将其转化为压力输出给控制阀，从而使上述三个力矩重新恢复平衡。

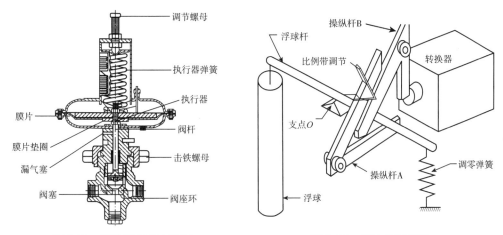

图2.63 液位控制阀剖面图　　　　图2.64 液位控制原理

对于节流控制，转换器的输出压力大小与浮力的大小是成比例的。对于开关控制，转换器的压力输出为零或者当超过液位控制点时输出与气源大小相等的压力信号。对液位的改变要想使转换器都能够产生输出，可以通过改变操纵杆A上比例带调节器位置来实现。

2.2 自力式阀门构造及原理

2.2.1 安全阀

2.2.1.1 安全阀的工作原理
安全阀根据压力系统的工作压力自动启闭，一般安装于封闭系统的设备、容器或管路上，作为超压保护装置（图 2.65）。当设备、容器或管路内的压力升高超过允许值时，阀门自动开启，继而全量排放，以防止设备、容器或管路内的压力继续升高；当压力降低到规定值时，阀门应自动及时关闭，从而保护设备、容器或管路的安全运行。

图 2.65　安全阀实物图

安全阀可以由阀门进口的系统压力直接驱动，在这种情况下是由弹簧或重锤提供的机械载荷来克服作用在阀瓣下方的介质压力。它们还可以由一个机构来先导驱动，该机构通过释放或施加一个关闭力来使安全阀开启或关闭。因此，按照上述驱动模式将安全阀分为直接作用式和先导式。

2.2.1.2　安全阀的特点

（1）阀座软密封保证安全阀起跳前后的良好密封性。

（2）允许工作压力接近安全阀的整定压力。

（3）较小超压就能使安全阀主阀迅速达到全启状态。

（4）安全阀动作性能和开启高度不受背压的影响。

（5）启闭压差可调。

（6）导阀不流动型结构设计减少了有害介质的排放和环境污染。

（7）可在线检测安全阀的整定压力。

2.2.1.3　气田常用安全阀分类及结构

安全阀结构主要有两大类：弹簧式和杠杆式。弹簧式是指阀瓣与阀座的密封靠弹簧的作用力。杠杆式是靠杠杆和重锤的作用力。随着大容量的需要，又有一种脉冲式安全阀，也称为先导式安全阀，该阀由主安全阀和辅助阀组成。当管道内介质压力超过规定压力值时，辅助阀先开启，介质沿着导管进入主安全阀，并将主安全阀打开，使增高的介质压力降低。

安全阀的排放量决定于阀座的口径与阀瓣的开启高度，也可分为两种：微启式开启高度是阀座内径的 1/15 ~ 1/20，全启式是 1/3 ~ 1/4。

此外，随着使用要求的不同，有封闭式和不封闭式安全阀。封闭式即排出的介质不外泄，全部沿着规定的出口排出，一般用于有毒和有腐蚀性的介质。不封闭式一般用于无毒或无腐蚀性的介质。

目前在天然气开采及处理装置和管线上使用的大都是弹簧式安全阀。

（1）弹簧微启式安全阀。

弹簧微启式安全阀（图 2.66、图 2.67）是利用压缩弹簧的力来平衡作用在阀瓣上的力。螺旋形弹簧的压缩量可以通过转动它上面的调整螺母来调节，利用这种结构就可以根据需要校正安全阀的开启（整定）压力。根据对弹簧安全阀开启动作特性的分析，可以得出：一个安全阀从关闭到开启，再由开启到关闭的全过程中，外附加力 F_W 的变化规律。当附加力从零逐步增加，与内压力 P_L 和 S 的乘积正好为弹簧预紧力时，阀门微启，增大了介质作用面积 S，使得用来克服弹簧预紧力的内压作用力急剧增大，其结果在瞬间减小了外附加力。从而出现第一个特征峰 A。当外附加力逐渐减小而达到关闭点时，由于介质作用面积忽然减小，为保持力的平衡关系，此时，外附加力会出现瞬间回升现象，即第二个特征峰点 B。上述两个特征峰点 A 和 B 是在线条件下检测安全阀开启压力、回座压力的技术依据。在阀门打开前，外附加力克服阀芯静态刚性力；当达到开启点以后，外附加力改为克服弹簧的弹性力，两者随时间变化的斜率不同，从而出现第一个拐点 C，同样情况，在阀门关闭时也会出现另一个拐点 D。这两个拐点分别对应阀门的开启和回座，正是冷态时测试阀门开启、回座压力的技术依据。

从以上分析不难看出，安全阀在线测试弹簧微启式安全阀结构轻便紧凑，灵敏度也比较高，安装位置不受限制，而且因为对振动的敏感性小，所以可用于移动式的压力容器上。

图 2.66 弹簧式安全阀实物图

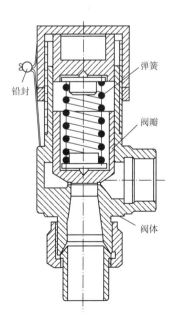

图 2.67 弹簧式安全阀剖面图

弹簧
铅封
阀瓣
阀体

（2）重锤杠杆式安全阀。

重锤杠杆式安全阀（图2.68）利用重锤和杠杆来平衡作用在阀瓣上的力。根据杠杆原理，它可以使用质量较小的重锤通过杠杆的增大作用获得较大的作用力，并通过移动重锤的位置（或变换重锤的质量）来调整安全阀的开启压力。

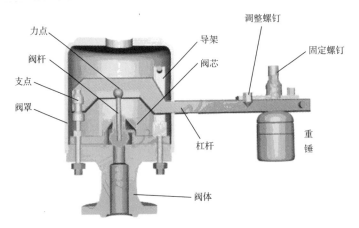

图2.68　重锤杠杆式安全阀剖面图

重锤杠杆式安全阀结构简单，调整容易而又比较准确，所加的载荷不会因阀瓣的升高而有较大的增加，适用于温度较高的场合，过去用得比较普遍，特别是用在锅炉和温度较高的压力容器上。但重锤杠杆式安全阀结构比较笨重，加载机构容易振动，并常因振动而产生泄漏；其回座压力较低，开启后不易关闭及保持严密。

（3）自动排气阀。

自动排气阀（图2.69）主要用来释放供热系统和供水管道中产生的气穴的阀门，广泛用于分水器、暖气片、地板采暖、空调和供水系统。

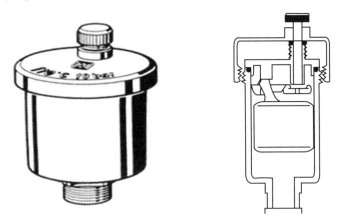

图2.69　自动排气阀结构剖面图

自动排气阀的工作原理：当系统中有空气时，气体聚集在排气阀的上部，阀内气体聚积，压力上升，当气体压力大于系统压力时，气体会使腔内水面下降，浮筒随水位一起下降，打开排气口；气体排尽后，水位上升，浮筒也随之上升，关闭排气口。如拧紧阀体上的阀帽，排气阀停止排气，通常情况下，阀帽应该处于开启状态。

2.2.1.4 常用阀门型号及性能参数

常用阀门型号及性能参数如表2.9所示。

表 2.9 常用安全阀型号及性能参数

名称	型号	通径（mm）	压力（MPa）	适用介质/安装位置
弹簧微启封闭式安全阀	A41H–320	25	32	集气站注醇泵房
弹簧微启封闭式安全阀	KA41Y–16P	25	1.6	集气站自用气区
安全阀	26HA13–120/S7	50	6.4	集气站分离器进口处
带手柄弹簧全式启安全阀	A48Y–16C	—	—	石油气、空气、水
双杠杆安全阀	GA41+16C/25/40	—	—	锅炉及大型容器

2.2.2 调节阀

在石油化工行业设备仪器的自动控制中，调节阀起着十分重要的作用，天然气行业生产取决于流动着的液体和气体的正确分配和控制。这些控制无论是能量的交换、压力的降低或者是简单的容器加料，都需要控制元件去完成。最终控制元件可以认为是自动控制的"体力"。在调节器的低能量级和执行流动流体控制所需的高能级功能之间，最终控制元件完成了必要的功率放大作用。

2.2.2.1 燃气调节阀

调压器主要用于天然气输配气系统的压力调节，使输出压力稳定。它的特点是不需要外来能源，利用被调介质自身所具有的压能（压力差）自动调节，达到压力恒定的目的。

自力式调压阀无需外加能源，利用被调节介质自身能量为动力源引入自力式减压阀的执行机构控制阀芯位置，改变自力式减压阀两端的压差和流量，使得减压阀阀前（或阀后）压力稳定。

自力式调压阀出厂时设置阀芯位置为全开，当有压力的流体介质流经阀门后，阀后管道内压力慢慢升高到预置调节压力值的同时，介质通过预先安装在调压阀膜片或活塞执行机构和阀后管道之间连接管实现引压作用，引入介质压力到阀门执行机构内，使调节阀执行机构内产生相应的压力，然后通过和执行机构连接的阀杆产生推力来克服阀杆填料摩擦力和调压弹簧预紧力以及有介质压力作用在阀芯上而产生的不平衡力，从而使阀芯产生上下直线运动来控制阀芯的开度以调节改变介质压差和流量，实现调压的目的，当阀后介质压力升高超过设定压力时，执行机构产生的下推力增大，阀芯向下直线位移使阀门开度减小，随之阀后介质压力相应下降，当阀后介质压力减小到低于调压阀设置的压力时，执行机构产生的下推力减少，阀芯依靠调压阀弹簧预紧力产生的向上推力，克服执行机构产生的下推力和阀杆摩擦力后，使阀芯向上运动，阀门开度增大改变介质压差和流量，使调压阀最终实现调压稳压作用。

图 2.70 是 RTZ-31（21）FQ 系列燃气调压阀，一般用于中低压燃气输配系统，作调压使用。它集过滤、调压、放散、安全切断于一体，安装方便，维护简单。适用于天然气、煤气、液化石油气及其他无腐蚀性气体。

图 2.70　RTZ 燃气调压阀

Fisher EZR 指挥器式调压阀（图 2.71、图 2.72）主要用于天然气输配，它的工作原理（图 2.73）是，只要出口压力在出口设定点之上，指挥器的阀塞或阀座就会保持关闭状态，来自主弹簧的力，以及由入口压力通过限流器提供的向下的加载压力，使主阀阀膜和阀塞组件紧密地结合。当出口压力下降到低于出口压力时，指挥器阀塞或阀座打开。加载压力就会通过指挥器向下游排放，排放的速度会快于通过供压管路对它的补充，这样在主阀阀膜和阀塞组件上方的加载压力下降，入口压力和加载压力的不平衡力克服了主弹簧的力，进而打开了 EZR 的阀膜和阀塞组件。

图 2.71　EZR 调压阀　　　　　图 2.72　带有紧急切断装置的 EZR 调压阀

2.2.2.2　自力式压力调节阀（泄压阀）

该类阀门无需外加能源，利用被调介质自身能量为动力源，引入执行机构调节阀芯位置，改变两端的压力和流量，使阀前或阀后压力稳定（图 2.74）。具有动作灵敏、密封性能好、压力设定点波动小等优点。常用于气体、液体及蒸汽的介质减压稳压或泄压的自动控制。

44

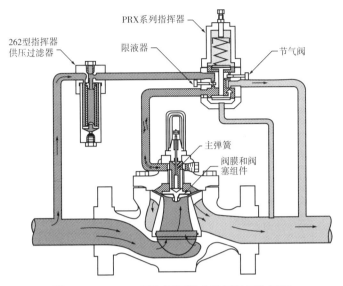

图 2.73　Fisher EZR 指挥器式调压阀工作原理

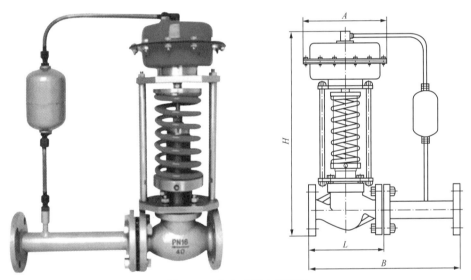

图 2.74　自力式压力调节阀

2.2.3　呼吸阀

　　呼吸阀一般用在常压或低压贮罐上，由压力阀和真空阀组成，安装于货油舱透气管上，能随货油舱内油气正负压变化而自动启闭，使货油舱内外气压差保持在允许值范围内。

　　它充分利用油罐本身的承压能力来减少油蒸气排放，其结构原理是利用阀盘的质量来控制油罐的呼气正压和吸气负压（图 2.75）。当罐内气体的压力在机械呼吸阀的控制压力范围之内时，呼吸阀不动作，保持油罐的密闭性；当罐内气体空间的压力升高，达到呼吸阀的控制正压时，压力阀被顶开，气体从罐内逸出，使罐内压力不再继续增高；当罐内气体空间的压力下降，达到呼吸阀的控制负压时，罐外的大气将顶开真空阀而进入罐内，使罐内的压力不再继续下降。

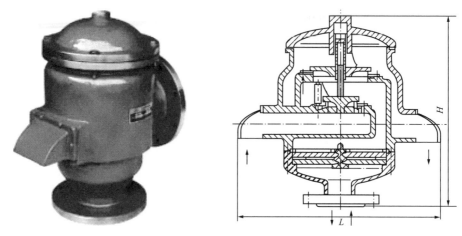

图 2.75　呼吸阀结构原理

2.2.4　自闭阀

　　自闭阀有效解决了天然气在家庭使用中存在的安全隐患问题，提高了天然气燃气的供气安全和管理，确保了用户的家庭财产和人身安全。目前在天然气管路设计时，在分户进气口和家庭总出气口处安装天然气稳压自闭阀，可对用户所有燃气设备起安全保护作用。

　　图 2.76 即为常用的家庭燃气自闭阀，阀体上分别设置有进气口和出气口，在进气口上端设置有阀口，阀体内设置有伸出阀盖的拉杆，拉杆与皮膜连接，皮膜将阀体分隔为上下两部分，下半部分为阀室，皮膜与活动铁片连接，活动铁片下方设置有永磁铁，永磁铁与控制杆连接，控制杆一端连有与阀口正向对应的密封阀垫，永磁铁下方设置有与阀体固定连接的固定铁片。

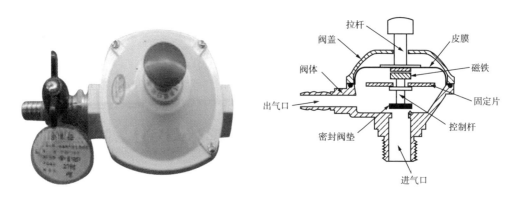

图 2.76　燃气自闭阀结构图

2.2.5　蒸汽疏水阀

在使用蒸汽的有关设备上，存在蒸汽凝结成的水，蒸汽疏水阀就是能自动地将凝结水与蒸汽分开，并排出到设备之外的阀门。蒸汽疏水阀最基本的原理就是利用蒸汽和水的质量差以及温度差来实现输水的目的。使用蒸汽疏水阀可以迅速地排出设备内产生的凝结水，并且防止蒸汽的泄漏。根据三种原理制造出三种类型的疏水阀，分别为机械型、热静力型、热动力型。

2.2.5.1　机械型疏水阀

机械型也称浮子型，是利用凝结水与蒸汽的密度差，通过凝结水液位变化，使浮子升降带动阀瓣开启或关闭，达到阻汽排水的目的。机械型疏水阀的过冷度小，不受工作压力和温度变化的影响，有水即排，加热设备里不存水，能使加热设备达到最佳换热效率。最大背压率为80%，工作质量高，是生产工艺加热设备最理想的疏水阀。

机械型疏水阀有自由浮球式、自由半浮球式、杠杆浮球式、倒吊桶式等。

（1）自由浮球式疏水阀。

自由浮球式疏水阀（图2.77）的结构简单，内部只有一个活动部件精细研磨的不锈钢空心浮球，既是浮子又是启闭件，无易损零件，使用寿命很长，灵敏，能自动排空气，工作质量高。

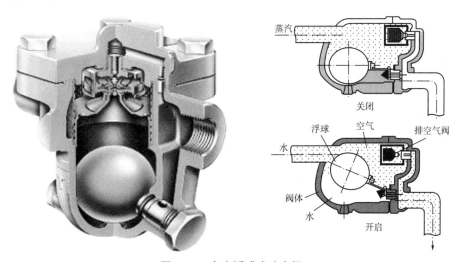

图2.77　自由浮球式疏水阀

设备刚启动工作时，管道内的空气经过自动排空气装置排出，低温凝结水进入疏水阀内，凝结水的液位上升，浮球上升，阀门开启，凝结水迅速排出，蒸汽很快进入设备，设备迅速升温，自动排空气装置的感温液体膨胀，自动排空气装置关闭。疏水阀开始正常工作，浮球随凝结水液位升降，阻汽排水。自由浮球式疏水阀的阀座总处于液位以下，形成水封，无蒸汽泄漏，节能效果好。最小工作压力0.01MPa。从0.01MPa至最高使用压力范围之内不受温度和工作压力波动的影响，连续排水。能排饱和温度凝结水，最小过冷度为0℃，加热设备里不存水，能使加热设备达到最佳换热效率。背压率大于85%，是生产工艺加热设备最理想的疏水阀之一。

（2）自由半浮球式疏水阀。

自由半浮球式疏水阀（图2.78）只有一个半浮球式的球桶为活动部件，开口朝下，球桶既是启闭件，又是密封件。整个球面都可为密封，使用寿命很长，能抗水击，没有易损件，无故障，经久耐用，无蒸汽泄漏。背压率大于80%，能排饱和温度凝结水，最小过冷度为0℃，加热设备里不存水，能使加热设备达到最佳换热效率。

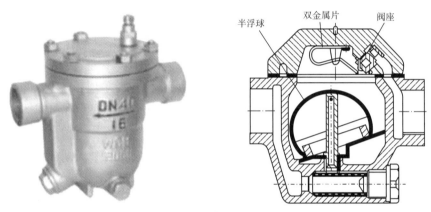

图2.78　自由半球式疏水阀

当装置刚启动时，管道内的空气和低温凝结水经过发射管进入疏水阀内，阀内的双金属片排空元件把球桶弹开，阀门开启，空气和低温凝结水迅速排出。当蒸汽进入球桶内，球桶产生向上浮力，同时阀内的温度升高，双金属片排空元件收缩，球桶漂向阀口，阀门关闭。当球桶内的蒸汽变成凝结水时，球桶失去浮力往下沉，阀门开启，凝结水迅速排出。当蒸汽再进入球桶之内时，阀门再关闭，间断和连续工作。

（3）杠杆浮球式疏水阀。

杠杆浮球式疏水阀（图2.79）的基本特点与自由浮球式相同，内部结构是浮球连接杠杆带动阀芯，随凝结水的液位升降进行开关阀门。杠杆浮球式疏水阀利用双阀座增加凝结水排量，具有体积小排量大的特点，最大疏水量达255t/h，是大型加热设备最理想的疏水阀。

（4）倒吊桶式疏水阀。

倒吊桶式疏水阀（图2.80）内部是一个倒吊桶，为液位敏感件，吊桶开口向下，倒吊桶连接杠杆带动阀芯开闭阀门。倒吊桶式疏水阀能排空气，不怕水击，抗污性能好。过冷度小，漏气率小于3%，最大背压率为75%，连接件比较多，灵敏度不如自由浮球式疏水阀。由于倒吊桶式疏水阀是靠蒸汽向上浮力关闭阀门，所以工作压差小于0.1MPa时，不适合选用。

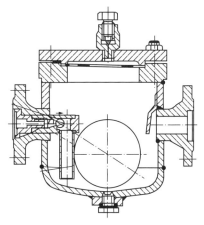

图 2.79　杠杆浮球式疏水阀

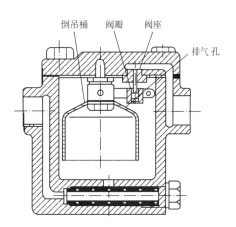

图 2.80　倒吊桶式疏水阀

当装置刚启动时，管道内的空气和低温凝结水进入疏水阀内，倒吊桶靠自身质量下坠，倒吊桶连接杠杆带动阀芯开启阀门，空气和低温凝结水迅速排出。当蒸汽进入倒吊桶内时，倒吊桶的蒸汽产生向上浮力，倒吊桶上升连接杠杆带动阀芯关闭阀门。倒吊桶上开有一小孔，当一部分蒸汽从小孔排出时，另一部分蒸汽产生凝结水，倒吊桶失去浮力，靠自身质量下沉，倒吊桶连接杠杆带动阀芯开启阀门，循环工作，间断排水。

（5）组合式过热蒸汽疏水阀。

组合式过热蒸汽疏水阀有两个隔离的阀腔，由两根不锈钢管连通上下阀腔，它是浮球式和倒吊桶式疏水阀的组合，该阀结构先进合理，在过热、高压、小负荷的工作状况下，能够及时地排放过热蒸汽消失时形成的凝结水，有效地阻止过热蒸汽泄漏，工作质量高。

当凝结水进入下阀腔时，副阀的浮球随液位上升，浮球封闭进气管孔。凝结水经进水导管上升到主阀腔，倒吊桶靠自重下坠，带动阀芯打开主阀门，排放凝结水。当副阀腔的凝结水液位下降时，浮球随液位下降，副阀打开。蒸汽从进气管进入上主阀腔内的倒吊桶里，倒吊桶产生向上的浮力，倒吊桶带动阀芯关闭主阀门。当副阀腔的凝结水液位再升高时，下一个循环周期又开始间断排水。

2.2.5.2　热静力型疏水阀

这类疏水阀利用蒸汽和凝结水的温差引起感温元件的变形或膨胀带动阀芯启闭阀门。热静力型疏水阀的过冷度比较大，一般过冷度为 15 ~ 40℃，它能利用凝结水中的一部分显热，阀前始终存有高温凝结水，无蒸汽泄漏，节能效果显著，是蒸汽管道、伴热管线、小型加热设备、采暖设备、温度要求不高的小型加热设备上最理想的疏水阀。

（1）膜盒式疏水阀。

膜盒式疏水阀（图 2.81）的主要动作元件是金属膜盒，内充一种汽化温度比水的饱和温度低的液体，有开阀温度低于饱和温度 15℃ 和 30℃ 两种供选择。膜盒式疏水阀的反应特别灵敏，不怕冻，体积小，耐过热，任意位置都可安装。背压率大于 80%，能排不凝结气体，膜盒坚固，使用寿命长，维修方便，使用范围很广。

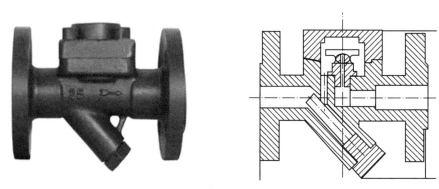

图 2.81　膜盒式疏水阀

装置刚启动时，管道出现低温冷凝水，膜盒内的液体处于冷凝状态，阀门处于开启位置。当冷凝水温度渐渐升高时，膜盒内充液开始蒸发，膜盒内压力上升，膜片带动阀芯向关闭方向移动，在冷凝水达到饱和温度之前，疏水阀开始关闭。膜盒随蒸汽温度变化控制阀门开关，起到阻汽排水作用。

（2）波纹管式疏水阀。

波纹管式疏水阀（图 2.82）的阀芯不锈钢波纹管内充一种汽化温度低于水饱和温度的液体。随蒸汽温度变化控制阀门开关，该阀设有调整螺栓，可根据需要调节使用温度，一般过冷度调整范围低于饱和温度 15 ~ 40℃。背压率大于 70%，不怕冻，体积小，任意位置都可安装，能排不凝结气体，使用寿命长。

当装置启动时，管道出现冷却凝结水，波纹管内液体处于冷凝状态，阀芯在弹簧的弹力下，处于开启位置。当冷凝水温度渐渐升高时，波纹管内充液开始蒸发膨胀，内压增高，变形伸长，带动阀芯向关闭方向移动，在冷凝水达到饱和温度之前，疏水阀开始关闭，随蒸汽温度变化控制阀门开关，阻汽排水。

（3）双金属片式疏水阀。

双金属片疏水阀（图2.83）的主要部件是双金属片感温元件，随蒸汽温度升降受热变形，推动阀芯开关阀门。双金属片式疏水阀设有调整螺栓，可根据需要调节使用温度，一般过冷度调整范围低于饱和温度15～30℃，背压率大于70%，能排不凝结气体，不怕冻，体积小，能抗水击，耐高压，任意位置都可安装。双金属片有疲劳性，需要经常调整。

图2.82　波纹管式疏水阀　　　　图2.83　双金属片式疏水阀

当装置刚启动时，管道出现低温冷凝水，双金属片是平展的，阀芯在弹簧的弹力下，阀门处于开启位置。当冷凝水温度渐渐升高时，双金属片感温起元件开始弯曲变形，并把阀芯推向关闭位置。在冷凝水达到饱和温度之前，疏水阀开始关闭。双金属片随蒸汽温度变化控制阀门开关，阻汽排水。

2.2.5.3　热动力型疏水阀

这类疏水阀根据相变原理，靠蒸汽和凝结水通过时的流速和体积变化的不同热力学原理，使阀片上下产生不同压差，驱动阀片开关阀门。因热动力式疏水阀的工作动力来源于蒸汽，所以蒸汽浪费比较大。这种阀结构简单、耐水击、最大背压率为50%，有噪声，阀片工作频繁，使用寿命短。热动力型疏水阀有热动力式（圆盘式）、脉冲式、孔板式。

（1）热动力式疏水阀。

热动力式疏水阀内有一个活动阀片，既是敏感件又是动作执行件。根据蒸汽和凝结水通过时的流速和体积变化的不同热力学原理，使阀片上下产生不同压差，驱动阀片开关阀门。漏气率3%，过冷度为8～15℃。

当装置启动时，管道出现冷却凝结水，凝结水靠工作压力推开阀片，迅速排放。当凝结水排放完毕时，蒸汽随后排放，因蒸汽比凝结水的体积和流速大，使阀片上下产生压差，阀片在蒸汽流速的吸力下迅速关闭。当阀片关闭时，阀片受到两面压力，阀片下面的受力面积小于上面的受力面积，因疏水阀汽室里面的压力来源于蒸汽压力，所以阀片上面受力大于下面，阀片紧紧关闭。当疏水阀汽室里面的蒸汽降温成凝结水时，汽室里面的压力消失。凝结水靠工作压力推开阀片，凝结水又继续排放，循环工作，间断排水。

（2）圆盘式蒸汽保温型疏水阀。

圆盘式蒸汽保温型疏水阀的工作原理和热动力式疏水阀相同，它在热动力式疏水阀的汽室外面增加一层外壳。外壳内室和蒸汽管道相通，利用管道自身蒸汽对疏水阀的主汽室进行保温，使主汽室的温度不易降温，保持气压，疏水阀紧紧关闭。当管线产生凝结水时，疏水阀外壳降温，疏水阀开始排水；在过热蒸汽管线上如果没有凝结水产生，疏水阀不会开启，工作质量高。阀体为合金钢，阀芯为硬质合金，该阀最高允许温度为550℃，经久耐用，使用寿命长，是高压、高温过热蒸汽专用疏水阀。

（3）脉冲式疏水阀。

脉冲式疏水阀（图2.84）有两个孔板，根据蒸汽压降变化调节阀门开关，即使阀门完全关闭入口和出口也是通过第一、第二个小孔相通，始终处于不完全关闭状态，蒸汽不断逸出，漏气量大。该疏水阀动作频率很高，磨损厉害、寿命较短。体积小、耐水击，能排出空气和饱和温度水，接近连续排水，最大背压率25%，因此使用者很少。

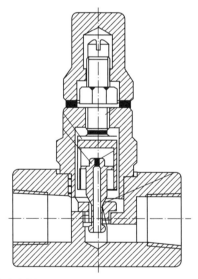

图2.84　脉冲式疏水阀

（4）孔板式疏水阀。

孔板式疏水阀（图2.85）是根据不同的排水量，选择不同孔径的孔板控制排水量的阀门。其结构简单。选择不合适会出现排水不及时或大量跑汽现象，不适用于间歇生产的用气设备或冷凝水量波动大的用气设备。

 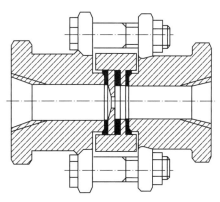

图 2.85　孔板式蒸汽疏水阀

2.2.5.4　TSS43H 型天然气疏水阀

TSS43H 型天然气疏水阀，主要结构和工作原理如下。

（1）利用 U 形结构在阀体内形成双腔，为以阀关液、以液封气这一特殊关闭系统创造了条件，同时改变了介质在阀体内的流动方向，使之与重力方向重合而使液气进一步分离，以及促进液体中渣的沉降。

（2）利用浮力定律和杠杆原理，精确计算所需动力以满足疏水阀在运行中的动力条件。

（3）利用连通器原理和介质密度差设计自动回气系统，使其在运行中能连续地将疏水阀中的气体回流到分离器中，以达到疏水阀连续和全自动运行的目的。

其具体运行流程如图 2.86 所示。

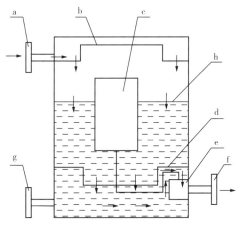

图 2.86　自动排气阀结构剖面图

a—进水管；b—防冲罩；c—动力系统；d—转向罩；e—阀芯总成；f—排水管；g—排污管；h—气水界面

天然气疏水阀进液管和天然气井气水分离器相接，排液前液体在重力作用下进入疏水阀，通过防冲环改变液体流向，垂直向下运动。当液面升高到一定程度时，动力系统启动向上运动并开启阀门，疏水阀开始排液。液体在系统压力的作用下，经转向罩在排水腔内向上做垂直运动，经阀芯、排液管排出阀体外。此时由于渣的重力方向与液体流动方向重合而沉于阀体底部（经排污口定时排除）避免渣质可能对阀芯的污染，确保疏水阀正常运行。当液体排完，液位下降到某一高度时，动力系统向下运动，关闭阀门。液体在阀体内形成高位水封将天然气严密封锁而无丝毫泄漏。这样就完成了一个排液周期。

当分离器中再来液体时，根据连通器原理，液体将阀腔内上一运行周期结束时进入疏水阀的天然气置换回到分离器中，液体到一定高度时，动力系统再度启动，打开阀门排液，重复上一运行过程，如此往复循环，就形成了连续的全自动排液作业。TSS43H型天然气疏水阀的特点如下。

（1）TSS43H型天然气疏水阀不使用其他任何动力，它的动力来源于物体浮力和重力的交替作用，再利用杠杆原理把力放大使之达到所需要的力度，即有水时动力系统中浮子的浮力大于它的重力和阀体内压力，使浮子上浮并通过杠杆使连接在另一端的阀瓣打开进行排水，当水被排完以后，浮子的重力要大于其浮力，使浮子向下运动而关闭阀瓣。

（2）TSS43H型天然气疏水阀的排水作业是连续和全自动的。它不受外界任何因素的影响，只与分离器是否有水有关，因而是全天候的（气候特别寒冷的地方要采取保温措施或加防冻剂）。它利用了连通器中两个相连容器的压力趋于平衡的原理，使分离器中的水和疏水阀中的天然气能够通过特设的回气管道进行位置交换，这就为疏水阀的连续作业创造了条件，因而能够达到有水就排的功能。

（3）疏水阀在作业过程中无天然气流失，即天然气为零泄漏。这一特点使它实现了节能、环保和安全的作用。

天然气疏水阀的阀腔采用了U形结构，阀腔中的转向罩将阀腔分成了进水腔和排水腔。液体在阀腔内的运动按照规定的路线进行。在进水腔内做从上到下的垂直运动，而在排水腔内做从下到上的运动，这样液体的运动方向和重力方向重合一致。

如图2.87所示，这种结构有以下几个方面的作用。

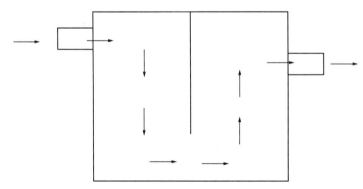

图2.87　天然气疏水阀阀腔示意图

（1）促进液气和液渣的分离运动方向和重力方向的重合，这使仅依靠重力和密度差来进行的分离活动不会受到运动的干扰，和静置时的分离一样。水和渣很容易被分离开来，使渣沉于底部便于定期排放，这就保证了排水机构使其不受渣垢的污染，避免了因渣垢的卡堵而产生的各种事故，特别是天然气泄漏的事故。

（2）由于水的运动方向是有规律的上下运动，使处于进水腔中的浮子不受无规则压力的冲击，始终处于简单的低频率的上下运动，最大限度地降低了机械磨损，确保各种结构长时间地无故障运行。

（3）阀腔中的浮子不仅是动力的提供者，也是信息的传递者。它通过杠杆放大了作用力，同时也将水位的高低信息传到排水腔中的阀芯机构，发出开启或关闭的指示。当进水腔中的水位线随着分离器的水逐渐排完降低到给定的水位高度时，浮子下沉关闭阀芯机构，此时阀腔中的水停止运动，在关闭时的水位线处形成水封，天然气在进水腔中被阻隔。阀芯采用高精度不锈钢球作阀瓣，采用密封性能最优的线性密封方式。产品出厂时必须在疏水阀设计压力下（高于实际工作压力）进行密封试验，必须达到滴水不漏的要求时方可出厂。因此阀芯对水的关闭是严密的，形成的稳定的高位水封对天然气的封锁也是严密的。

（4）TSS43H 型天然气疏水阀还具有较高的背压率（<80%），这有利于水的回注，疏水阀在提供了回注水所需的压力后，自身的排量会减小，但是当明确了回注水压力有多大时就可以设计出既满足排量要求又能满足回注背压的天然气疏水阀。

2.2.6 止回阀

2.2.6.1 止回阀的工作原理

止回阀又称逆流阀、单向阀，是依靠管路中介质本身的流动产生的力量而自动开启和关闭的阀门，属于一种自动阀门，只能安装在水平管道上。止回阀用于管路系统，其主要作用是防止介质倒流、防止泵及驱动电动反转、防止容器介质泄放，同时止回阀还可用于管内压力升高至超过主系统压力的辅助系统提供补给的管路上，主要分为升降式止回阀和旋启式止回阀。

2.2.6.2 气田常用止回阀分类及结构

（1）升降式止回阀。

升降式止回阀是阀瓣沿着阀体做垂直中心线滑动的止回阀，只能安装在水平管道上，密封性较差。蝶式止回阀的阀体形状与截止阀一致，其流体阻力系数较大；蝶式止回阀的结构与截止阀相似，其阀体和阀瓣与截止阀相同，阀瓣上部和阀盖下部加工有导向套筒，阀瓣导向筒可在阀盖导向筒内自由升降；当介质顺流时阀瓣靠介质推力开启，当介质停流时阀瓣靠自垂降落在阀座上，起阻止介质逆流作用，在高压小口径止回阀上阀瓣可采用圆球。升降式止回阀的实物图和剖面图分别如图 2.88、图 2.89 所示。

图 2.88　升降式止回阀实物图

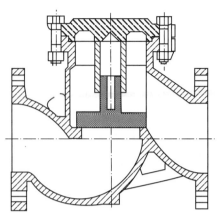

图 2.89　升降式止回阀剖面图

（2）旋启式止回阀。

旋启式止回阀是阀瓣围绕阀座内的销轴旋转的止回阀，它有一个铰链机构，还有一个像门一样的阀瓣自由地靠在倾斜的阀座表面上。为了确保阀瓣每次都能到达阀座面的合适位置，阀瓣设计在铰链机构上，以便阀瓣具有足够的旋启空间，并使阀瓣真正地、全面地与阀座接触。阀瓣可以全部用金属制成，也可以在金属上镶嵌皮革、橡胶，或者采用合成覆盖面，这取决于使用性能的要求。旋启式止回阀在完全打开的状况下，流体压力几乎不受阻碍，因此通过阀门的压力降相对较小。旋启式止回阀的实物图和剖面图分别如图 2.90、图 2.91 所示。

图 2.90　旋启式止回阀实物图

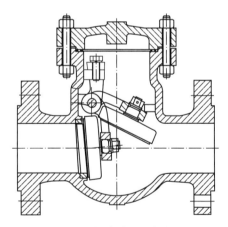

图 2.91　旋启式止回阀剖面图

（3）蝶式止回阀。

蝶式止回阀的阀瓣呈圆盘状，在开启和关闭的过程中阀瓣绕阀座通道的转轴做旋转运动，因阀内通道呈流线形，流动阻力比升降式止回阀小，适用于低流速和流量不常变化的大口径场合，但不宜用于脉动流，其密封性能不及升降式。蝶式止回阀分单瓣式、双瓣式和多瓣式三种，这三种形式主要按阀门口径来分，目的是为了防止介质停止流动或倒流时，减弱水力冲击。蝶式止回阀的实物图和剖面图分别如图 2.92、图 2.93 所示。

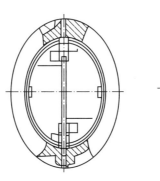

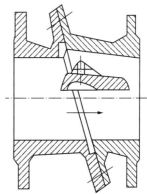

图 2.92　蝶式止回阀实物图　　　　　　　　　　图 2.93　蝶式止回阀剖面图

（4）节能梭式止回阀。

HC41X 节能梭式止回阀主要用于给水系统，垂直安装在管路中，靠系统内的压力差和阀瓣的自身质量实现升降和关闭，自动阻止介质水的逆流，可有效防止普通止回阀液体倒流时产生的水锤冲击和噪声，静音关闭，并且密封性能好，保证管路的正常运行使用，是止回阀更新换代的产品。节能梭式止回阀的实物图和剖面图分别如图 2.94、图 2.95 所示。

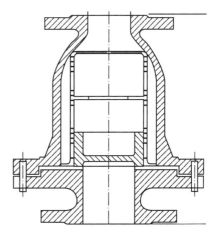

图 2.94　节能梭式止回阀实物图　　　　　　　　图 2.95　节能梭式止回阀剖面图

（5）微阻缓闭蝶形消声止回阀。

微阻缓闭蝶形消声止回阀（图 2.96）用于工业给排水、污水处理厂的水泵出口处，防止管网中介质逆流。可自动消除破坏性水锤，从而保证水泵和管路不受损坏。该阀主要由阀体、阀瓣、缓冲装置和微量调节阀组成。具有结构新颖、体积小、流体阻力小、运行平稳、密封可靠、耐磨损、缓冲性能好等特点。

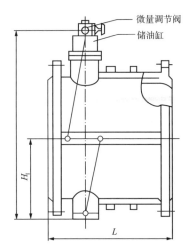

微量调节阀
储油缸

图 2.96　微阻缓闭蝶形消声止回阀实物图

2.2.6.3　常用阀门型号及性能参数

常用蝶阀型号及性能参数如表 2.10 所示。

表 2.10　常用蝶阀型号及性能参数

名称	型号	通径（mm）	压力（MPa）	适用介质 / 安装位置
蝶式缓冲止回阀	H44H-16C	40	1.6	处理厂制氮空压机
止回阀	H76	15 ~ 1200	10 ~ 420	蒸汽、油品、强酸、强氧化性介质
衬氟止回阀	H41F46	15 ~ 500	6 ~ 16	水、蒸汽、油品

2.3　气动阀门构造及原理

气动阀门是在普通阀门的基础上安装气动执行器，通过气源压力驱动执行器带动阀门工作。气动阀门是通过输出信号实现阀门的切断、接通、调节等功能，一般气动阀门都与电磁阀、气源三联件、限位开关、定位器等配件一起使用。目前气田常用气动阀门有气动调节阀、气动减压阀、气动球阀等。

2.3.1　气动调节阀

调节阀目前广泛应用于天然气生产场合，是天然气输送过程最常用的终端控制元件。气动调节阀是以压缩空气或氮气为动力能源的一种自动执行器，它是通过接收调节控制单元输出的控制信号，借助电气阀门定位器、转换器、电磁阀等附件驱动阀门开关量或比例式调节，来完成调节管道介质的流量、压力、温度等各种工艺参数，是物料或能量供给系统中不可缺少的重要组成部分。气动调节阀一般由气动执行机构和阀门组成。气动调节阀具有结构简单、动作可靠、性能稳定、价格低廉、维修方便、防火防爆等特点，不仅能与气动调节仪表、气动单元组合仪表配合使用，而且通过电－气转换器或电－气阀门定位器还能与电动调节仪表、电动单元组合仪表配套使用。

2.3.1.1　气动调节阀的作用及工作原理

气动执行机构和调节阀门是组成气动调节阀的两大部件，气动执行机构根据控制信号驱动调节阀门，通过对操纵变量的数值进行控制，从而对流体进行调节。作为调节阀的驱动控制部件，执行机构在很大程度上能影响调节阀的工作性能。

（1）气动薄膜执行机构。

气动薄膜执行机构是气动调节阀中最常用的执行机构，工作原理如图 2.97 所示。它是将 20 ~ 100kPa 的标准气压信号 P 通入薄膜气室中，在薄膜上产生一个向下的推力，驱动阀杆部件向下移动，调节阀门打开。与此同时，弹簧被压缩，对薄膜产生一个向上的反作用力。当弹簧的反作用力与气压信号在薄膜上产生的推力相等时，阀杆部件停止运动。信号压力越大，在薄膜上产生的推力就越大，弹簧压缩量即调节阀门的开度也就越大。

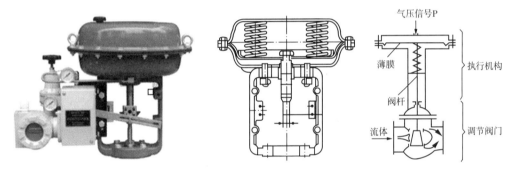

图 2.97　气动薄膜执行机构作用原理

将与执行阀杆刚性连接的调节阀运动部件视为一典型的质量—弹簧—阻尼环节，系统运动受力模型如图 2.98 所示。

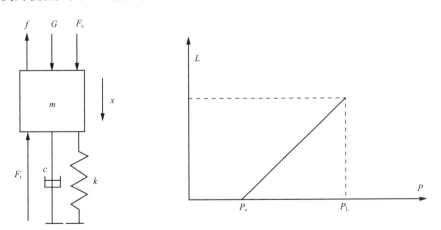

图 2.98　系统运动受力模型

m—与执行阀杆刚性连接的运动部件总质量；x—阀杆位移；c—阻尼系数；f—摩擦力；F_a—信号压力在薄膜上产生的推力；
G—运动部件总重力；F_t—调节阀所控流体在阀芯上的压力差产生的不平衡力；k—弹簧刚度系数

由受力模型图可以看出，摩擦力是造成气动薄膜调节阀死区与滞后的主要原因。对于气动执行机构而言，由于工作介质的可压缩性比较大，使得摩擦对其动态响应特性的影响更为显著。当生产过程受到扰动时，虽然调节阀控制器的输出产生了一个用于纠正偏差的控制信号，但由于摩擦的存在，使得该信号并没有产生相应的阀杆位移。这就要求控制器输出更大的信号，只有当控制信号超过一定范围，即死区时，才能使阀杆产生位移。死区的存在使调节不能及时进行，有时还造成调节的过量，使调节阀的控制品质变差。

为了减小调节阀死区与滞后的影响，除了改进阀杆密封填料结构，采用合适密封材料等外，目前的主要改进措施是通过给气动调节阀配备气动阀门定位器，如图 2.99 所示。定位器的工作原理如图 2.100 所示，波纹管的信号压力大小由调节阀控制器调节。当调节阀控制器的输出增大时，波纹管的信号压力也增大，主杠杆便绕支点做逆时针转动，于是喷嘴与挡板的距离减小，喷嘴的背压升高，此背压经过放大器放大后，进入薄膜气室的压力也开始升高，阀杆向下移动，并带动反馈杆绕支点做逆时针转动，与反馈杆安装在同一支点的反馈凸轮跟着做逆时针转动。与此同时，副杠杆在滚轮的作用下开始绕支点做顺时针转动，反馈弹簧被拉伸。当反馈弹簧对主杠杆的拉力与信号压力作用在波纹管上的力达到力矩平衡时，调节阀气动执行阀杆达到平衡位置。因此，通过气动阀门定位器可以在输入信号与气动调节阀执行阀杆位移（即调节阀开口量）之间建立起一一对应的关系。

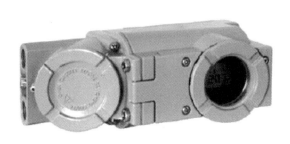

图 2.99　阀门定位器

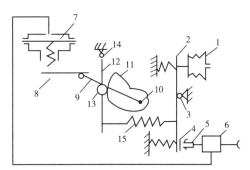

图 2.100　气动薄膜调节阀工作原理

1—波纹管；2—主杠杆；3，10，14—支点；4—挡板，5—喷嘴；6—放大器；7—薄膜气室；8—阀杆；9—反馈杆；10—支点；11—反馈凸轮；12—副杠杆；13—滚轮；14—支点；15—反馈弹簧

（2）气动活塞式执行机构。

除气动薄膜执行机构外，还有气动活塞式执行机构，它的调节阀执行阀杆是通过气缸来驱动的。当气动薄膜执行机构推力不够时，可选用活塞执行机构来提高输出力，对大压差的调节阀，或 DN ≥ 200 时，甚至要选双层活塞执行机构。活塞式执行机构可以充分利用气源压力来提高执行机构的输出力，它一般都应用在需要大推力的阀门

上，故使用的场合较少。

它主要用于配直行程的调节阀，分为无弹簧式和有弹簧式两种，其结构如图 2.101 所示。

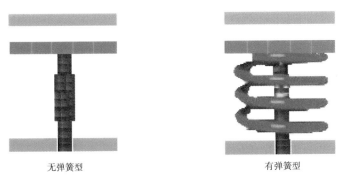

无弹簧型   有弹簧型

图 2.101 单层活塞执行机构

①无弹簧活塞执行机构。

a. 用于故障下要求调节阀保持现有位置的场合。

b. 用于大口径阀门要求执行机构推力特别大的场合。

c. 对两位阀配用二位五通电磁阀；对调节型的阀配用双作用式阀门定位器。

②有弹簧式活塞执行机构。

a. 在故障情况下，通过弹簧进行复位，实现故障开或故障关功能。

b. 可以抵抗不平衡力的变化，增加执行机构的刚度，提高调节阀的稳定性。

c. 弹簧会抵消一部分输出力。

d. 气缸内设弹簧，增加了气缸的长度和质量。

③双层活塞执行机构。

为了进一步提高活塞执行机构的输出力，活塞执行机构可设计为双层式，输出力约可提高 1 倍，主要用于大压差、大口径、输出力要求特别大的场合。其结构如图 2.102 所示。

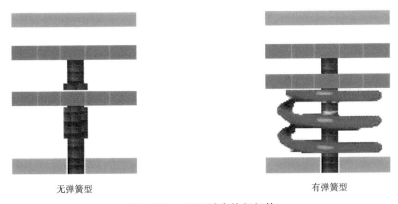

无弹簧型   有弹簧型

图 2.102 双层活塞执行机构

2.3.1.2　气动调节阀的特点

气动调节阀控制简单，反应快速且安全，不需另外再采取防爆措施。但由于气动执行机构的气体工作介质具有较强的可压缩性，使气动执行机构的抗偏离能力比较差，给位置和速度的精确稳定控制带来很大的影响，不适用于要求快速响应和对执行速度有较大要求的场合，从而限制了气动执行机构在大型精确控制项目中的应用。

2.3.1.3　气动调节阀的分类及应用

气动调节阀按动作可分为气开型和气关型两种。气开型是当气动阀膜片上空气压力增加时，阀门向增加开度方向动作，当达到输入气压上限时，阀门处于全开状态；反之，当空气压力减小时，阀门向关闭方向动作，在没有输入空气时，阀门全闭，故有时气开型阀门又称故障关闭型。气关型动作方向正好与气开型相反。当空气压力增加时，阀门向关闭方向动作；空气压力减小或没有时，阀门向开启方向或全开为止，故有时又称为故障开启型。

气开气关的选择是从工艺生产的安全角度出发来考虑。首先考虑阀门安装的位置，当气源切断时，调节阀是处于关闭位置安全还是开启位置安全。气开式同气关式可以互相切换，如调节阀安装有智能式阀门定位器，在现场可以很容易进行互相切换。

但也有一些场合，故障时不希望阀门处于全开或全关位置，而是希望保持在断气前的原有位置处。这时，可采取一些其他措施，如采用保位阀或设置事故专用空气储缸设施来确保。气动调节阀的实物图、剖面图如图2.103、图2.104所示。

图 2.103　气动调节阀实物图

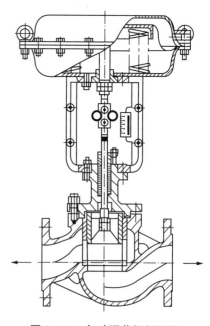

图 2.104　气动调节阀剖面图

下面介绍几种常用的气动调节阀。

（1）HLS 型小口径单座调节阀。

HLS 型小口径单座调节阀（图 2.105）具有 S 形的光滑流道，体积小、质量轻、调节精度高、使用和维护方便简单。主要应用于小流量或微小流量调节的场合。

（2）HCB 气动平衡笼式调节阀。

HCB 气动平衡笼式调节阀（图 2.106）主要应用于压差大的场合。具有体积小、质量轻、调节精度高、使用简单、维护方便等优点。

图 2.105　HLS 型小口径单座调节阀　　　　图 2.106　HCB 气动平衡笼式调节阀

（3）HCBW 波纹管密封笼式双座调节阀。

HCBW 波纹管密封笼式双座调节阀（图 2.107）是一种压力平衡式的调节阀。阀体结构紧凑，流体通道呈 S 流线形，压降损失小，流量大，可调范围广。它的上阀盖采用波纹管密封结构，可彻底消除工艺介质从阀杆运动间隙向外泄漏的可能性，这是波纹管密封阀的显著特点之一。由于波纹管元件本身变形性和卓著的抗老化性，这种调节阀完全克服了填料密封阀通常存在的填料老化和温差敏感等弱点。其次，采用波纹管 – 填料双重密封结构，安全可靠性更好。因此，它在剧毒、强腐蚀性、放射性等稀有特殊介质的自动控制系统中得到广泛应用。

（4）Fisher 667 调节阀。

图 2.108 为 Fisher 667 调节阀，它的工作原理是气源进入继动器，在由喷嘴吹出之前，通过固定节流孔喷出。喷嘴压力同时作用在继动器的大膜片上，控制器的输出压力作用在继动器的小膜片上。当作用于弹簧管上的过程压力改变时，弹簧管也做相应的扩张或收缩，使挡板与喷嘴之间的距离产生变化。在直接作用的控制器上，过程压力的增

加推动喷嘴挡板靠近喷嘴，增加了继动器的大膜片上的压力，打开继动器的球阀，附加的气源压力流入继动器腔内，从而提高作用在调节阀执行机构上的压力；过程压力的降低使喷嘴挡板远离喷嘴，降低了继动器大膜片上的压力，打开继动器的针阀，从调节阀执行机构上排出控制器的输出压力。控制器输出压力的改变反馈到比例膜片，在喷嘴处反映出压力变化，平衡继动器大小膜片上的压力不同。根据检测到的压力变化，继动器阀保持一个新的输出压力。如果比例阀大开，所有控制器输出压力的变化反馈到比例膜片。比例阀关得越多，通过阀的排放口排出气体使控制器的输出压力就下降越多，反馈到比例膜片上的压力就越少。

图 2.107 HCBW 波纹管密封笼式双座调节阀

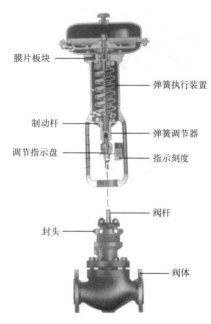

图 2.108 Fisher667 调节阀

（5）samson 调节阀。

samson 调节阀如图 2.109 所示。

2.3.2 气动减压阀

气动减压阀的出口压力由导阀上的调节螺栓来控制，它与导阀上的针阀协调操作，一旦调定后阀后压力便始终保持为恒定的常数。当主阀打开后，介质流向出口的同时也通过导阀进入主阀膜片室的上腔，使主阀板开口高度稳定在某个值，这样阀后压力便恒定。当出口压力增大时，介质通过压力反馈系统使主阀上腔压力增大，主阀的上下腔压力平衡被破坏，将阀门的开度值减小，使通过开口介质的流速提高、动能改变后造成压力损失，阀后压力得到降低。反之，当阀后压力降低时，则主阀板开度增大，阀后压力增大。气动减压阀的结构如图 2.110 所示。

图 2.109　samson 调节阀

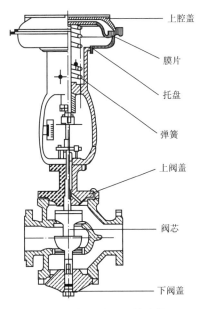

图 2.110　气动减压阀的结构图

上腔盖

膜片

托盘

弹簧

上阀盖

阀芯

下阀盖

2.3.3　气动紧急截断阀

2.3.3.1　气动紧急截断阀的作用及工作原理

图 2.111 为气动紧急截断阀的结构图。气动紧急截断装置在正常情况下，两个串联的常闭式控制开关的控制线路闭合，UPS 正常向电磁阀供电，电磁阀打开，氮气充满截断阀的执行机构腔体，活塞压缩腔体内弹簧，齿轮联动机构带动球阀阀杆转动，截断阀打开。当突发事故时，通过微机程序的自动控制或者控制开关的手动控制（控制开关设置在值班室和站门口），电磁阀断电、关闭，并将执行机构腔体内的氮气排出，腔体内弹簧复位，齿轮联动机构带动球阀阀杆转动，截断阀快速关闭，即可实现截断球阀的远程控制。

图 2.112 为气动头齿轮结构，是双活塞齿轮齿条式设计，它利用压缩气体或弹簧推动活塞做直线运动，通过齿轮传动，带动齿轮轴做 0°～90° 旋转，开启或关闭阀门。

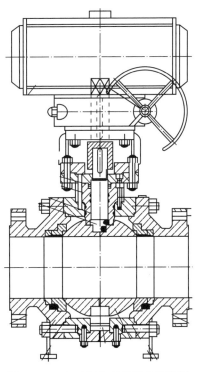

图 2.111　气动紧急截断阀结构简图

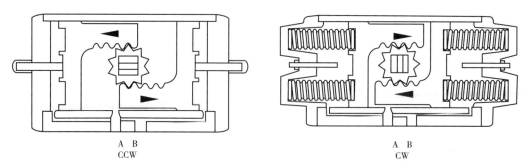

A B
CCW

A B
CW

图2.112　气动头齿轮头结构

A孔进气，执行器逆时针旋转，打开阀门。

B孔进气，执行器顺时针旋转，关闭阀门单作用执行器，A孔放空，弹簧复位，推动执行器顺时针旋转，关闭阀门。

阀门打开或关闭时的旋转方向，可以在安装时预先设定，没有要求的时候默认逆时针打开，顺时针关闭。

2.3.3.2　气动球阀的操作

气动紧急截断阀在使用时要特别注意阀门所处状态，当现场调试完毕，在正常使用时一定将阀门处于自动状态，自动状态时操作手轮对阀门不起任何作用，用手转动手轮没有任何阻力；只有在特殊情况下，如现场停电、停气的时候可手动操作阀门。

自动转换手动时需拉起锁销，逆时针转动手柄（不要强力转动，有顶齿现象时轻轻转动一下手轮，再转动手柄），直到锁销自动弹下，则完成自动转换手动。

手动转换自动时需拉起锁销，顺时针转动手柄，直到锁销自动弹下，则完成手动转换自动。

气动紧急截断阀处于手动状态时，逆时针转动手轮，阀门开启，开启阀门时由于要克服气动装置内的弹簧弹力，则开启力矩大；顺时针转动手轮，阀门关闭，开启阀门时由于气动装置内的弹簧弹力的作用，则开启力矩大。所有的手动操作必须在没有操作气源时进行，否则无法正常操作。

2.4　电动阀门构造及原理

电动阀简单地说就是用电动执行器控制阀门，从而实现阀门的开和关。可分为上下两部分，上半部分为电动执行器，下半部分为阀门。它可以接收运行人员或自动装置的命令，自动截断或调节管道中的介质流量，电动装置和阀门本身都是独立的部件。为了保证电动阀门的工作性能良好，除了必须有性能良好的阀门电动装置和阀门外，还应使二者能很好地协调工作。常用电动阀门有电磁阀、电动蝶阀、电动球阀、电动闸阀、电动调节阀等。

2.4.1　电动球阀

2.4.1.1　电动球阀的作用及工作原理

电动球阀在管路中主要用于做切断、分配和改变介质的流动方向，它是由电动执行器和球阀组成的，因为它的关闭件是球体，操作过程是由执行器带动球体绕阀体中心线做旋转90°来达到开启、关闭的。电动球阀开关轻便，体积小，可以做成很大口径，密封可靠，结构简单，维修方便，密封面与球面常在闭合状态，不易被介质冲蚀。电动球阀的结构如图2.113所示。

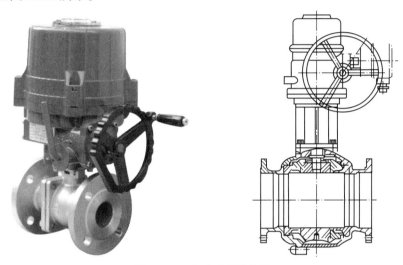

图 2.113　电动球阀结构图

2.4.1.2　电动执行机构的特点

电动执行器的优点是能源取用方便，信号传输速度快，传输距离远，便于集中控制，灵敏度和精度较高，与电动调节仪表配合方便，安装接线简单。

电动执行机构的缺点主要是，结构较复杂，推力小，平均故障率高于气动执行机构，只适用于防爆要求不高、气源缺乏的场所，且由于它的复杂性，对现场维护人员的技术要求就相对要高一些；由于执行机构中的电动机运行要产生热量，如果调节太频繁，容易造成电动机过热，产生热保护，同时也会加大对减速齿轮的磨损；另外就是整个系统运行较慢，从调节器输出一个信号，到调节阀响应而运动到相应位置，需要较长的时间，这也是它不如气动、液动执行器的地方。

2.4.1.3　电动执行机构类型

（1）电动多回转式执行机构。

电力驱动的多回转式执行机构（图2.114）是最常用、最可靠的执行机构类型之一。使用单相或三相电动机驱动齿轮或蜗轮蜗杆最后驱动阀杆螺母，阀杆螺母使阀杆产生运动使阀门打开或关闭。

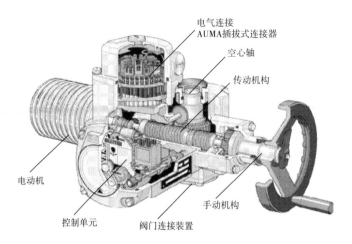

电气连接
AUMA插拔式连接器
空心轴
传动机构
电动机
手动机构
控制单元
阀门连接装置

图 2.114　电动多回转执行机构

多回转式电动执行机构可以快速驱动大尺寸阀门。为了保护阀门不受损坏，安装在阀门行程的终点限位开关会切断电动机电源，同时当安全力矩被超时，力矩感应装置也会切断电动机电源，位置开关用于指示阀门的开关状态，安装离合器装置的手轮机构可在电源故障时手动操作阀门。

这种类型执行机构的主要优点是所有部件都安装在一个壳体内，在这个防水、防尘、防爆的壳体内集成了所有功能。主要缺点是，当电源故障时，阀门只能保持在原位，只有使用备用电源系统，阀门才能恢复故障安全位置（故障开或故障关）。

（2）电动单回转式执行机构。

这种执行机构类似于电动多回转执行机构，主要差别是执行机构最终输出的是1/4转90°的运动。新一代电动单回转式执行机构集合了大部分多回转执行机构的复杂功能。单回转执行机构结构紧凑一般安装在小尺寸阀门上，通常输出力矩可达800N·m，另外因为所需电源较小，它们可以安装电池来实现故障安全操作。

（3）执行器控制线路设计。

①执行器主要是控制驱动阀门的驱动装置，简单地说就是控制阀门的正反转，首先应要考虑的是根据阀门的扭矩来选择执行器电动机的大小，阀门的扭矩一般在1 ~ 30000N·m，电动机的选择也是在0.25 ~ 15kW，3kW以下的电动机可以用接触器和可控硅来控制，3kW以上的则必须用接触器控制。

②根据客户现场的工艺要求，看阀门是开关型的还是调节型的，如是调节型，而且调节很频繁则必须用可控硅，因可控硅的暗触点可视为无限次使用，而接触器的使用寿命在10000000次。

③停机方式是通过阀门执行器的限位停机，或者是力矩停机，每台执行器必须配备限位开关和力矩开关，如用限位停机，则力矩开关作为保护，如用力矩停机则限位开关作为保护。

④开关型的电气控制方式相对来讲比较简单，可以说是最简单的。可以做成正反转控制电路，而调节型的需要电位计或霍尔元件做反馈，可以结合 PLC 或单片机来设计。

⑤电源供电方式可以根据电源板来选择，国内使用的电动执行机构基本上都是用380V 或 220V 交流电源。

2.4.1.4 电动执行器的选用

（1）根据阀门所需的扭力确定电动执行器的输出扭矩。

阀门启闭所需的扭力决定着电动执行器选择多大的输出扭矩，一般由使用者提出或阀门厂家自行选配，作为执行器厂家只对执行器的输出扭矩负责，阀门正常启闭所需的扭矩由阀门口径大小、工作压力等因素决定，但因阀门厂家加工精度、装配工艺有所区别，所以不同厂家生产的同规格阀门所需扭矩也有所区别，即使是同一个阀门厂家生产的同规格阀门，其扭矩也有所差别，选型时，执行器的扭矩选择太小会无法正常启闭阀门，因此电动执行器必须选择一个合理的扭矩范围。

（2）根据所选电动执行器确定电气参数。

因不同执行器厂家的电气参数有所差别，所以设计选型时一般都需确定其电气参数，主要有电动机功率、额定电流、二次控制回路电压等。往往在这方面的疏忽，使得控制系统与电动执行器参数不匹配造成工作时空开跳闸、保险丝熔断、热过载继电器保护起跳等故障现象。

2.4.1.5 常用电动执行器

（1）Bray S70 系列电动执行器。

Bray S70 系列电动执行器（图 2.115）目前在分离器排污系统上使用较多，它在使用过程中连接方便，可以不用其他装置，直接同阀门连接。执行器上有机械行程限制栓可精确地现场调节驱动器使其达到一定的角度，行程终止一般生产厂家设置为0°～90°，但可以设置成任何角度。该执行器还有清晰的阀门状态显示，在使用过程中可以随时观察阀门的运行状况。现场使用中可以根据实际情况要求设置阀门的开启和关闭时间以及开启和关闭速度。

图 2.115　Bray S70 电动执行器

（2）Auma SA 系列电动执行器。

Auma SA 系列电动执行器如图 2.116 所示。

（3）Rotork-IQ 系列电动执行器。

Rotork-IQ 系列电动执行器（图 2.117）可以在不打开电气端盖的情况下进行调试和查询的阀门执行器。它使用所提供的红外线设定器进入执行器的设定程序，即使在危险区域，也可安全、快捷地对力矩值、限位以及其他所有控制和指示功能进行设定。IQ 的设定和调整在执行器主电源接通和断开时均可完成。标准诊断功能可对控制系统、阀门和执行器的状态进行诊断，并通过执行器的显示屏上的图标和帮助屏幕来显示。按一下设定器的按键即可在显示屏上对相应阀位的瞬时力矩进行监视。它内置的数据记录器可获取操作和阀门力矩数据，可提醒用户根据需要对阀门进行维护。运行于 PC 机的 IQ Insight 软件和／或 Rotork 本安型通讯器可访问数据记录器，可对执行器的所有功能进行组态和记录。

图 2.116　AumaSA 电动执行器

图 2.117　Rotork 电动执行器

2.4.2　电动蝶阀

2.4.2.1　电动蝶阀的作用及工作原理

电动蝶阀的蝶板安装于管道的直径方向。在电动蝶阀阀体圆柱形通道内，圆盘形蝶板绕着轴线旋转，旋转角度为 0°～90°，旋转到 90° 时，阀门为全开状态。电动蝶阀处于完全开启位置时，蝶板厚度是介质流经阀体时唯一的阻力，因此通过该阀门所产生的压力降很小。

2.4.2.2　电动蝶阀的特点

电动蝶阀的结构简单、体积小、质量轻，只由少数几个零件组成。而且只需旋转 90° 即可快速启闭，操作简单，同时该阀门具有良好的流体控制特性。主要缺点是使用压力和工作温度范围小，密封性较差。电动双法兰式蝶阀的结构如图 2.118 所示。

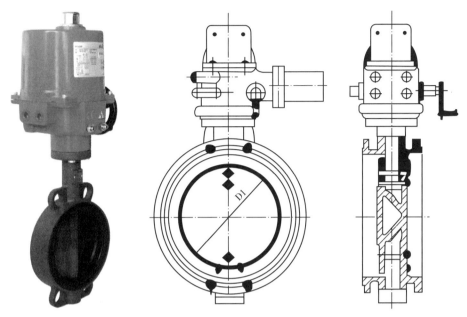

图 2.118　电动双法兰式蝶阀结构图

2.4.3　电动闸阀

2.4.3.1　电动闸阀的作用及工作原理

电动闸阀采用压力自紧式密封或阀体、阀盖垫片密封结构；阀瓣采用双闸板中间带万向顶结构，能自动调整阀瓣与阀座密封面吻合度，保证阀门的密封，同时此结构维修方便，阀瓣互换性较好；电动装置配有转矩控制机构、现场操作机构和手、电动切换机构。除就地操作外，还可以进行远距离操作及智能控制等；阀门可安装在管道的任何位置，同时根据介质和介质的温度选择碳钢或合金钢阀门。

2.4.3.2　电动闸阀的特点

电动闸阀适用于易燃易爆的场合，安全系数高、操作功能强、性能稳定等。电动闸阀的结构如图 2.119 所示。

2.4.4　电动调节阀

2.4.4.1　电动调节阀的作用及工作原理

电动调节阀输入是调节器送来的直流电信号，经放大器放大后驱动执行机构，产生轴向推力，带动调节阀动作，从而引起介质流量的变化，来调节系统中各类参数。同时执行机构发出一个阀的位置信号供伺服放大器比较，使调节阀始终保持在一个输入信号相对应的位置上，完成调节任务。

2.4.4.2　电动调节阀的特点

电动调节阀具有体积小、质量轻、流量大、调节精度高等特点，广泛应用于电力、

石油、化工、冶金、环保、轻工等行业的工业过程自动控制系统中。电动调节阀的结构
如图 2.120 所示。

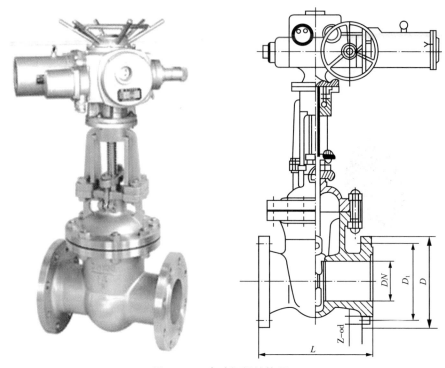

图 2.119　电动闸阀结构图

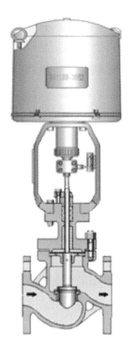

图 2.120　电动调节阀结构图

2.4.4.3 电动调节阀执行机构

电动调节阀的执行机构是采用电动机和减速装置来移动调节阀门的执行机构，需与电动伺服放大器配套使用，其系统组成框图如图2.121所示。由于带有位移传感器实时检测执行阀杆的位移，故电动执行机构不需额外配备阀门定位器就可以组成位置反馈控制系统，以调节阀执行阀杆的位移信号作为调节阀控制器的反馈测量信号，将控制器输出的设定信号与反馈测量信号进行比较，当两者有偏差时，改变对伺服放大器的输出，使执行阀杆动作，从而建立起输入信号与调节阀执行阀杆位移（即调节阀开口量）——对应的关系。通常电动执行机构的输入信号是标准的电流或电压信号，输出位移可以是直行程、角行程和多转式等类型。

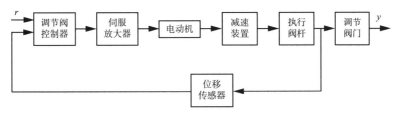

图 2.121　电动执行机构组成框图

电子式电动角式调节阀（图2.122），由直行程电子式电动执行机构和角型调节阀体组成。内含伺服功能，接收信号，将电流信号转变成相对应的直线位移，自动地控制调节阀开度，达到对管道内流体的压力、流量、温度、液位等工艺参数的连续调节。电子式电动角式调节阀具有动作灵敏、连线简单、流量大、体积小、调节精度高等特点。阀体为直角形，阀芯为单导向结构，阀体流路简单，阻力小。电子式电动角式调节阀特别适用于高黏度，含有悬浮物和颗粒状介质流体的调节，可避免结焦、黏结、堵塞。

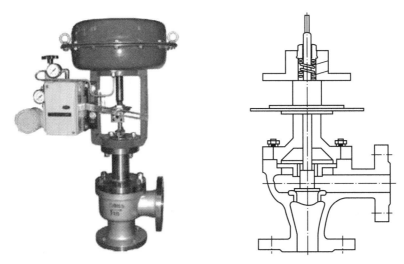

图 2.122　电子式电动角式调节阀结构图

2.4.5 电磁阀

电磁阀是用电磁的效应控制阀门开关的，控制方式由继电器执行。这样，电磁阀可以配合不同的电路来实现预期的控制，而控制的精度和灵活性都能够保证。电磁阀有很多种，不同的电磁阀在控制系统的不同位置发挥作用，由于电磁阀是通过线圈驱动，只能开或关，所以开关时动作时间短。

2.4.5.1 电磁阀的特点

电磁阀是用电磁力作用于密封在电动调节阀隔磁套管内的铁芯完成，不存在动密封，可以降低外漏的可能。电磁阀使用安全，尤其适用于腐蚀性、有毒或高低温的介质。

电磁阀本身结构简单，价格也低，比调节阀等其他种类执行器易于安装维护。更显著的是所组成的自控系统简单得多，价格要低得多。由于电磁阀是开关信号控制，与工控计算机连接方便。

电磁阀响应时间可以短至几个毫秒，即使是先导式电磁阀也可以控制在几十毫秒内。由于自成回路，比之其他自控阀反应更灵敏。电磁阀线圈功率消耗低，只有在触发的时候才动作，并自动保持阀位，平时不耗电。

电磁阀通常只有开关两种状态，阀芯只能处于两个极限位置，不能连续调节，所以调节精度还受到一定限制。

电磁阀对介质洁净度有较高要求，含颗粒状的介质不能适用，如属杂质需先滤去。另外，不适用于黏稠状介质，而且特定的产品适用的介质黏度范围相对较窄。

2.4.5.2 电磁阀的分类及结构原理

（1）ZCT-25B 型防爆电磁阀。

ZCT-25B 型防爆电磁阀（图 2.123）是一种常闭电磁阀，它在未接受到电信号时，电磁阀呈关闭状态，当电磁线圈通电后产生磁场，在磁力的作用下，动铁芯与静铁芯相吸合，此时阀门开启，介质流通，当电磁阀断电，电磁场消失后，动铁芯在弹簧力的作用下复位，此时阀门关闭。

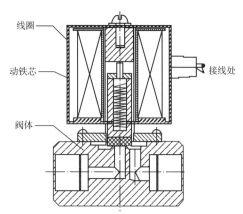

图 2.123 防爆电磁阀结构图

（2）ZD-40 紧急切断电磁阀。

紧急切断电磁阀 ZD-40 应用于天然气井口，当井口压力超过超欠压保护压力范围时迅速截断井口气源，防止下游管线超压或天然气的大量泄漏。适用于井下节流器失效、采气管线发生破裂等超欠压事故发生时等情况。

①工作原理。

远程控制电磁阀属于常开常闭型先导泄荷电磁阀，通过控制阀盖上的泄荷孔开启及闭合，实现对电磁阀的先导式控制。

如图 2.124 和图 2.125 所示，当开启阀门时，电磁头Ⅰ把副阀芯吸回与锁芯互锁。泄荷孔打开，阀体上腔内的压力迅速下降，在主阀芯下腔周围形成上低下高的压差，气流压力通过主阀芯外部的受力台阶推动阀芯向上移动，阀门打开，主阀芯整个底面完全受力。

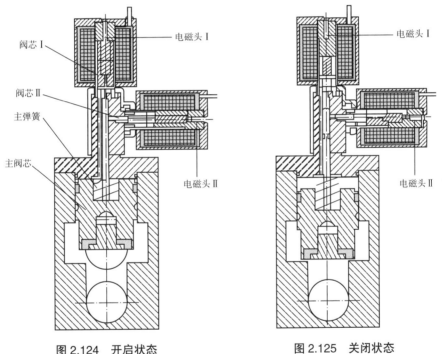

图 2.124　开启状态　　　　图 2.125　关闭状态

当关闭阀门时，电磁头Ⅱ把锁芯吸回，副阀芯在弹簧力作用下把泄荷孔关闭，进口压力通过阀芯上的平衡压力孔迅速充满阀芯上腔，在阀芯周围形成上下腔压力平衡状态，弹簧推动主阀芯向下移动，关闭阀门，气体压力越高，阀门关闭越死。此结构通过合理设计泄荷孔满足流体压差条件后，可以实现进气口压力范围宽、最大压力高等工况下阀门的开启、关闭。

远程控制电磁阀结构见图 2.126。电磁阀结构主要包括以下五部分：电磁头、阀体、阀盖、主阀芯、压力弹簧等。

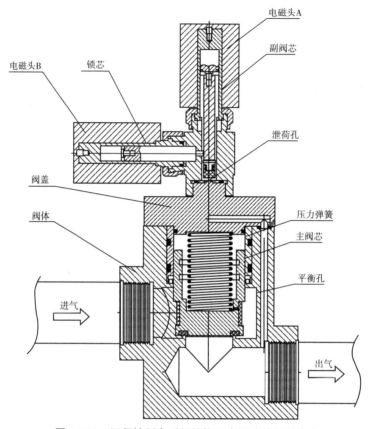

图 2.126　远程控制电磁阀结构示意图（关闭状态）

电磁头为电磁阀的主要控制部分，电磁头 A、B 分别控制副阀芯、锁芯，副阀芯为开合阀，锁芯为定位芯。开阀时，电磁头 A 通电副阀芯吸回，电磁头 B、锁芯在弹簧力作用下卡在副阀芯的环形槽内，实现互锁。

泄荷孔位于阀盖中部，在装配后与阀体壁的泄荷通道相连，从而将出气口与阀芯腔连通。主阀芯是一个腔形结构，主要包括阀芯腔、平衡压力孔。

②技术原理。

站内控制软件下达开关井指令，经过站内数传电台发送信号给井上接收电台，接收电台把信号转换成控制命令，传送给电磁阀控制模块，控制模块通过通、断电实现对电磁阀的开关控制。

③紧急截断原理。

压力变送器采集节流阀前压力值，其输出信号接入 RTU 的 AI3 输入点，通过控制软件运算，当压力高于设定高限值（用户设定）时，RTU 输出点 DO1 触发，电磁头 B 闭合线圈得电，电磁阀关闭；当压力低于设定低限值（用户设定）时，RTU 输出点 DO1 触发，电磁头 B 闭合线圈得电，电磁阀关闭。

RTU 设置了一个用户可调参数，DO1 触发后延时 Ns（用户提供参数）失电，即电磁阀关闭后延时 Ns 失电，防止了线圈长期带电发热过大造成损坏或安全隐患，同时减少电能损耗，实现了电磁阀有效紧急截断。

④远程开关控制原理。

电磁阀依托数据传输系统执行远程开关阀操作，见图 2.127。

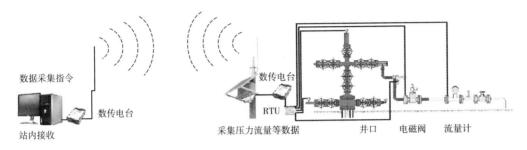

图 2.127　远程开关井系统示意图

站内控制软件使用串口将开阀控制指令通过无线电台传输给 RTU 控制器 DO1 继电器，继电器闭合，给电磁头 A 供电，电磁阀打开；开关量 DI1 收到开阀指令后，将开阀状态反馈给控制软件，控制软件将在界面上显示阀已打开的状态，开阀完成。

当要关闭阀门时，站内控制软件发出关阀指令，RTU 控制器收到指令后，继电器 DO2 闭合，电磁头 B 得电，电磁阀关闭；开关量 DI2 收到关阀指令后，将关阀状态反馈给控制软件，控制软件将在界面上显示阀已关闭的状态，关阀完成。

2.4.6　电动远控紧急切断阀

气井生产中当地面管线堵塞、节流器失效等情况发生时，压力升高，会导致地面管线超压。而管道腐蚀或遭到意外破坏发生泄漏时又会引起井口压力降低的情况发生，因此在井口设置了高低压截断阀，避免井口超压而破坏下游管线和管线泄漏造成安全事故发生。

电动远控紧急切断阀的作用及工作原理：应用于气田井口，充分利用了太阳能资源，采用太阳能板及蓄电池组成的系统来为切断阀供电，将原有的气动执行机构改为用直流低电压启动，无需外部气源作为动力。该阀用电动机为执行机构驱动元件，实现了就地动力源来执行远程开关井的操作，彻底取消了氮气的补充，而且保留了就地自动超压、欠压保护、人工干预等功能。

2.4.6.1　切断阀的远程控制原理

超压保护，如图 2.128 所示，当导压管将采集到的管线压力信号 Pgy 传输至压力传感器 YGM314 内，使其中的推杆力 Ftg 大于由弹簧力所设定的超压保护值时，在气（液）力的作用下推杆向下运动，使得平衡杆 Gph 围绕平衡杆销轴 Ogz 逆时针转动，销钉 XDsx 被推着向上运动，从而使平衡块 Kph 绕平衡块销轴 Okz 顺时针旋转，因此平衡块的挂钩将失去对控制杆 Gkz 的约束，支撑器上月牙轴 Zyy、控制杆 Gkz 等构件失去原有的力平衡关系而发生逆时针旋转 90°，因此月牙轴 Zyy 不再支撑阀瓣、齿条等构件维持开启的位置关系，即有回座弹簧力推动阀瓣快速向阀座运动的动作。这样，阀瓣便切断管线气流起到超压保护作用。

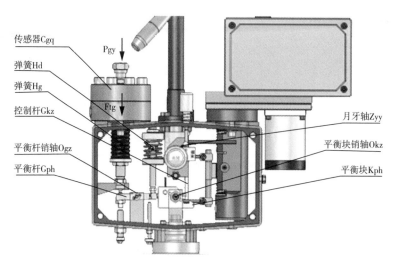

图 2.128　切断阀超压保护原理

欠压保护，当导压管将采集到的管线压力信号 Pgy 传输至压力传感器 Cgq 内，当其中的推杆力 Ftg 小于由弹簧力所设定的欠压保护值时，在弹簧力的作用下推杆向上运动，使得平衡杆 Gph 围绕平衡杆销轴 Ogz 顺时针转动，销钉 XDxx 被推着向下运动，从而使平衡块 Kph 绕轴平衡块销轴 Okz 亦顺时针旋转。因此，即有回座弹簧力推动阀瓣快速向阀座运动的动作。这样，阀瓣便切断管线气流起到欠压保护作用。

2.4.6.2　意外紧急截断原理

紧急截断阀的压力 / 远控电动开关设有紧急切断按钮，如图 2.129 所示，以便在发生其他未预见的危难工况条件下，实施人为的干预来切断管线的气（液）流，而进入安全状态。当人为干预按下紧急切断按钮 ANjd 时，急断按钮推杆 Gjd 随即向下运动，它便触及并推动着安装在平衡块上的急断销钉 XDjd 也向下运动，从而带动平衡块逆时针旋转（与前述观察位置相差 180°）。同前所述，也可达到截断管线气流的目的。

2.4.6.3　远程控制开关井

如图 2.130 所示，远程遥控开关是借助于远程数据传输系统来实现的，基本过程是远程控制站通过发送天线发送控制命令，井口的接收天线将命令传给控制箱，控制箱给提升电动机通电并控制提升电动机工作，通过提升立柱装配体中的提升电动机传动端齿轮，带动提升齿条向上运动，提升齿条上连接着阀杆，使得阀杆上升，阀杆带动阀瓣上升到开启位置，使阀门开启。然后控制箱给辅助电动机通电并控制辅助电动机工作，辅助电动机带动上撬杆，使上撬杆上行，带动控制转臂与月牙轴旋转，使控制杆锁定到平衡杆挂钩中，并使月牙轴支撑住提升齿条，阀门开启状态锁定。

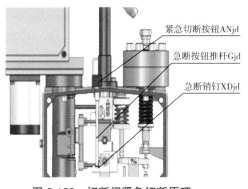

图 2.129 切断阀紧急切断原理

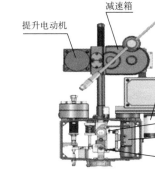

图 2.130 切断阀远程控制原理

远程遥控关闭。控制室关闭指令下达后，通过无线传输，控制电路控制辅助电动机反向工作，带动下撬杆动作，使下撬杆下行，压动平衡块中的拨动销钉，使平衡块旋转，此时平衡块的挂钩将失去对控制杆的约束，释放控制杆锁定状态，控制转臂与月牙轴在偏心力的作用下旋转，月牙轴不再支撑阀瓣、齿条等构件维持开启的位置关系。在蓄能关闭弹簧力的作用下阀瓣快速向阀座运动。这样，阀瓣便切断管线气流起到远程遥控关闭作用。

2.4.7 常用的紧急切断阀

目前气田使用的井口紧急切断阀有如下几种。

2.4.7.1 SKJD 紧急切断阀

SKJD 双控点紧急切断阀为快速关闭型的机械式安全截断装置。超压保护工作原理如图 2.131 所示。

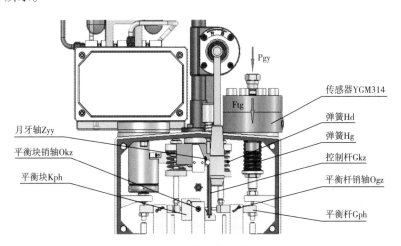

图 2.131 SKJD 紧急切断阀作用原理

2.4.7.2 YKJD 紧急切断阀

YKJD 远程控制紧急切断阀（图 2.132）是 SKJD 紧急切断阀的更新换代产品。YKJD

远程控制紧急切断阀忠实而完整地保留了SKJD紧急切断阀因本地管道实时超、欠压均可实现阀门关闭的固有性能特征，且又可以将该阀纳入由计算机→无线传输→控制电路→实施井场远程控制的自动化系统之中。

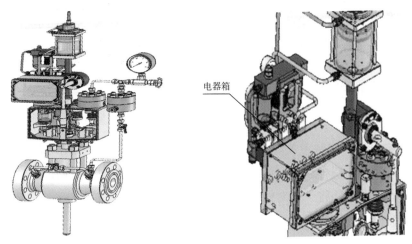

电器箱

图2.132　YKJD远程控制紧急切断阀

电子－机械自动控制部分结构的基本构成：这一部分是对SKJD紧急切断阀结构的升级、功能的扩展，是完全的创新产品。井场当地实时的技术参数及装置状态，如油压、套压、温度、流量、阀前阀后压力、切断阀的开（闭）状态等均可通过无线传输到达控制中心。控制中心所发出的开（闭）阀门的指令亦可通过无线传输而到达现场。

气动控制部分由电磁气动阀、气动管路构成。这一部分的各个元件接受由电子控制及传输部分的指令信号而完成各自状态的变化，实现对气动管路中气体介质的流动方向、工作压力等的控制，从而控制气动执行元器件的运动方式及节奏，最终达到对阀门的控制。图2.133为气动控制部分，图2.134为气动执行部分。

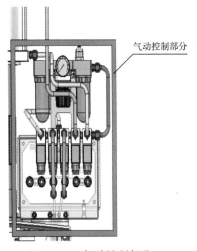

气动控制部分

图2.133　气动控制部分

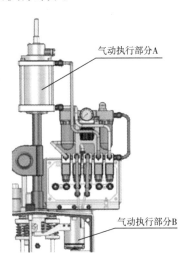

气动执行部分A

气动执行部分B

图2.134　气动执行部分

2.4.7.3 YKDJD 紧急切断阀

YKDJD 电动远控紧急切断阀在一代阀、二代阀的基础上，利用太阳能资源，采用太阳能板及蓄电池组成的系统来为切断阀供电，将原有的气动执行机构改为用直流低电压启动，即无需外部气源作为动力的机构。该阀用电动机为执行机构驱动元件，实现了利用就地动力源来执行远程开关井的操作，彻底取消了氮气的补充，而且保留了原有的一、二代紧急切断阀的就地自动超压、欠压保护，人工干预等功能。

2.5 液动阀门构造及原理

液动阀门是借助油等液体压力驱动的阀门。适用于管理自动化、远距离操纵，一般液动阀门都配有液动讯号装置。

液动阀门操作轻便，适用于远距离自动化操作，扩展了半球阀的用途范围，特别是在恶劣的环境下不便于人工操作或常开动作时，配套自动化电脑操作情况下，双偏心式半球阀配置液动执行机构，应用更为广泛。

2.5.1 电液执行机构工作原理

电液执行机构将输入的标准电流或电压信号转换为电动机的机械能，然后通过液压泵，将电动机的机械能转化为液压油的压力能，并经管道和控制元件向前传递，最后借助液压执行元件（如液压缸）将液压油的压力能转化为机械能，驱动调节阀阀杆（阀轴）完成直线（回转角度）运动，控制调节阀阀门的开度。电液执行机构的组成及系统框图如图 2.135 所示，位移传感器所形成回路实际起着阀门定位器的作用，建立阀杆位移信号与调节阀控制器输出信号之间的一一对应关系。

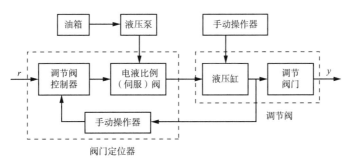

图 2.135　电液执行机构框图

2.5.2 电液调节阀系统原理

图 2.136 是电液执行机构的工作原理图。工控机根据调节阀控制系统的设置，经 D/A 转换后以模拟信号的形式输出设定信号，使电液比例方向阀的左位工作。液压泵输出

的压力油一路给蓄能器充液，储备液压能，以备快速关闭或开启的应急功能，另一路经过电液比例方向阀的左位进入液压缸的左腔，推动活塞右移，调节阀门打开。位移传感器实时检测调节阀开口量，经过 A/D 转换后将阀门开度信号输入工控机，经过调节阀控制器的处理后，又将信号输出给电液比例方向阀。电液比例方向阀根据传来的信号符号与大小确定活塞的移动方向和位移量，也就是调整调节阀开口的大小。

电磁换向阀用于实现电液调节阀快速关闭或开启的应急功能，而手动换向阀用于实现调节阀的机械手轮降级操作。

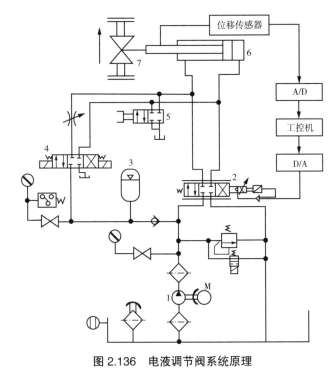

图 2.136　电液调节阀系统原理

1—液压泵；2—电液比例方向阀；3—蓄能器；4—电磁换向阀；5—手动换向阀；6—液压缸；7—阀门

2.6　气液联动阀构造及原理

气液联动阀广泛应用于长输天然气管道，具有传动稳定、容易控制、不需要电源等优点。气液联动阀以高压天然气作为动力，常作为输气管道的线路截断阀使用。常见的气液联动阀门有气液联动截断阀或气液联动紧急自动截断阀、气液联动球阀。

2.6.1　气液联动紧急自动截断阀

气液联动紧急自动截断阀如图 2.137 所示。管道破裂保护的控制原理是基于膜片机构对压力变化产生响应，通过系统中各机构组合动作，切断主管线中的天然气作为动力源驱动阀门关闭。

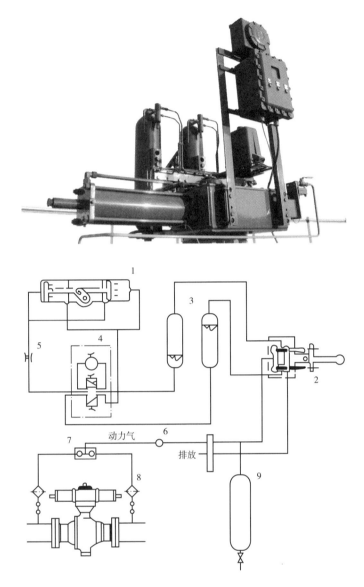

图 2.137　气液联动紧急自动截断阀
1—驱动机构；2—控制阀；3—气液罐；4—手摇泵；5—节流阀；6—单向阀；7—双联单向阀；8—过滤器；9—蓄能罐

　　阀门全开时，由可调节流小孔、膜片机构、开/关气液罐、紧急提升阀、基准罐和换向阀等控制。特定的压降速率完全由可调节流小孔来调节设定。通过泄放小孔的调整确保在正常管线压力波动状态下膜片机构不受影响。当主管线上发生的严重持续压降达到设定的压降速率时，膜片机构的前侧腔室（无簧侧）内就会响应。受可调节流小孔制约的基准罐内稳定压力与前者相互作用，在膜片上产生一个压力差，驱使膜片带动输出轴向外移动，触发两位三通切换阀关闭，通口 P 与通口 C 由连通变为切断。紧急提升阀的通口 O 无压力源，阀芯向 O 侧移动，其通口 P 与通口 C 由切断变为连通，动力气源通过关气液罐上的梭阀进入关气液罐，并将高压液压油压入液压缸，快速关闭阀门。关气液罐上的梭阀同时也隔离了控制模块。留存于液压缸的液压油被压入开气液罐。当主阀关闭时，就会在阀前后产生压差，使安装于主阀上的梭阀换向，自动选择高压侧的气源作为动力源输入给液压缸。

当液压缸到达行程的末端时，安装于液压缸上的阀位联动机构相应地触发紧急提升阀，迫使阀瓣关向阀座，其通口P与通口C被切断，保持气液罐和液压缸稳压。液压缸处于紧急关断位置，相应的主阀也保持关位，切断下游管线，这样便可以进行维修工作。液压缸只有在两位三通切换阀经手动复位后才能被打开。阀位联动机构此时不再需要保持紧急提升阀处于关位。球阀也可用手动操作手柄或手动泵控制其开启。

2.6.2 气液联动球阀

气液联动球阀（图2.138）通过控制电磁阀的动作来实现其远程开关的气动、液压操作。具体原理为：当调控中心给出关阀信号后，截止式电磁换向阀导通，管道内的天然气可经过一级滤网和过滤度为25μm的二级过滤网进入电磁阀和梭阀，推动活塞运动。提升阀一旦离开密封座，气体会经过提升阀进入关阀气液罐，并压迫罐内的液压油通过调速阀进入执行器，推动执行器内的翼片旋转，将执行器开阀腔内的液压油压入开阀液压罐，实现远程关阀操作。

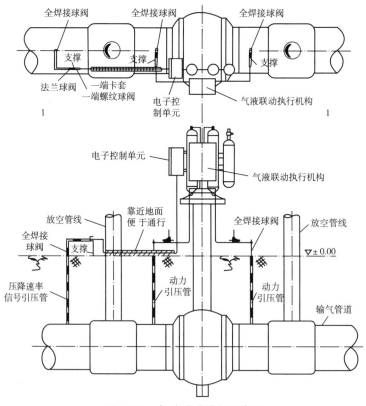

图2.138 气液联动球阀示意图

目前我国天然气管道的干线截断阀采用了 SHAFER 和意大利的 LDEEN 的气液联动阀，其中以 SHAFER 居多。

2.6.2.1 气液联动阀的工作原理

（1）SHAFER 气液联动阀的工作原理。

SHAFER 气液联动阀在自动控制方式下，由一台专用微处理器及其附属部件实现管道检测和管道截断保护功能。处理器通过压力传感器每 8s 对管道压力进行一次采样，并将采样的压力值与用户设定值进行对比，如压力值和压降速率异常超过设定值一段时间后，处理器会控制电磁阀动作，实现自动关阀；同时处理器自动处理 30min 内的压力采样值，并将其自动保存在存储器中。在数据采集模式被激活时，处理器每隔 32s 对管道压力进行一次采样，并以滚动方式存储 30min 内的压力检测值。SHAFER 气液联动阀在自动模式停止使用时，可按照阀门标志通过手泵或气动方式进行开关阀动作。

（2）LEDEEN 气液联动阀的工作原理。

LEDEEN 气液联动阀在自动控制方式下，通过检测单元的参比罐与气液分离罐之间液压油的流动在节流元件前后产生压差，当差压超过两位式差压变送器的允许范围后带动机构动作，使阀门关断。正常情况下，输气管道内天然气通过截流阀引入气液分离罐；当管道压力增高时，管道内天然气压迫气液分离罐内液压油向参比罐流动，使参比罐内压力相应增高；当管道压力下降时，由于参比罐内压力高于管道压力，会使液压油倒回分离罐内，倒回时因孔板节流元件的作用会在差压变送器前后产生差压，当差压大到足以使两位式差压变送器动作时，即发出关阀信号实现自动关断。为了防止因压力波动而导致的误动作，可在差压变送器后安装一个延时开关，若压力在设定时间内恢复，差压变送器恢复原位，则可避免自动关断。当阀门自动关断故障处理完毕后，必须将控制阀复位才能将阀门打开。同 SHAFER 气液联动阀一样，LEDEEN 气液联动阀在自动模式停止使用时，可按照阀门标志通过手泵或气动方式进行开关阀动作。

2.6.2.2 气液联动阀的特点

（1）非正常工况的自动切断功能：为满足管道运行需要，气液联动球阀分别设置了一个压力上限、压力下限和压降速率。当管道压力高于或低于压力上下限时，球阀将自动关闭；如果管道发生爆炸或破裂事故，当检测到的压降超过设定的压降速率时，阀门也将自动关闭。

（2）多种操作模式：气液联动球阀具有手动、自动、气动和遥控等四种操作模式，可以根据实际运行工况自行选择操作模式，以提高阀门的安全可靠性。

（3）安全性高：气液联动球阀以高压天然气或手泵作为动力源，无需外加机械或电力设备，事故率低，安全可靠，经济性好。

2.6.2.3 GPO 气液联动执行机构介绍

（1）气液联动执行机构原理简介。

GPO 气液联动执行机构，通过气体的压力变化转化成液体推动力，适用于 90°

旋转阀门的操作（球阀、蝶阀、旋塞阀），由拨叉机械装置制成的执行机构能将液压缸的直线运动转换成旋转运动。气液联动罐用于输入气体与液压缸的分离。罐的上部管口用螺纹连接着一个测量罐内油位的油位计。罐的底部装有一个带油过滤器的流量控制阀。

罐内的液压油被气体压缩流入相应的油缸腔，同时另一个油缸腔的液压油流回到第二个罐内。油缸的活塞行程驱使执行机构动作。从油缸流入罐中的油的流量依靠两个控制阀调节。拨叉的角度行程依靠安装在外壳左侧的机械制动螺钉（调整开位）和安装在液压缸端面法兰上的机械制动螺钉（调整关位）进行调整。可以在82°和98°之间调节。

（2）执行机构与阀门本体的连接。

执行机构可以通过执行机构外壳上带螺栓孔的法兰，或者插入过渡法兰，或者联轴节被安装到阀门的法兰上。执行机构相对阀门的安装位置，必须符合工厂的要求（与油缸轴线平行或与管道轴线垂直）。将执行机构安装到阀门上的程序如下。

①检查阀门或者相应加长部分的法兰和阀杆的连接尺寸，符合执行机构的连接尺寸。

②将阀门移动到与执行机构弹性操作的相对位置。

③为了装配容易，需用油或者脂润滑阀杆。

④清洁阀门的法兰，除去影响阀门法兰与执行机构法兰接合的杂物。

⑤如果单独提供了与阀门连接的插入轴套或者加长杆，将它装配到阀杆上，并用适当的定位销固定。

⑥将执行机构移到弹性操作的理想位置。

⑦将吊索安在执行机构的支撑点上起吊执行机构，确保吊索适合执行机构的质量，将阀杆处于垂直位置。

（3）角度行程的设定。

用在执行机构两端的机械限位（不是阀门的机械限位）限定阀门位置（全开和全关）的角度行程是十分重要的。阀门开启位置设定的操作是调节机械外壳左壁上的行程制动螺钉。阀门关闭位置设定的操作是调节在执行机构右边的行程制动螺钉（将螺钉拧入液压油缸的端面法兰）。调节液压油缸端面法兰上的行程制动螺钉的程序如下。

①从油缸的端面法兰旋松塞子。

②如果执行机构的角度行程在到达末端位置（全开或者全关）前停止了，则需松开制动螺钉，用扳手逆时针转动螺钉直到阀门到达正确的位置。

③如果执行机构的角度行程超过了末端位置（阀门的全开或者全关），则要旋紧制动螺钉，顺时针转动螺钉直到阀门到达正确的位置。

④将塞子旋进油缸的端面法兰。

（4）启动前的准备。

①气源的接通。

首先，按照工厂的技术要求，把执行机构连接到带配件和管子的气源管线上。配件和管子的尺寸必须正确，保证执行机构操作时气体的流畅，压降不超过最大的允许值。连接管子的形状不能造成执行机构进口的额外压力。管子必须合适地固定，如果系统遭受强烈振动，不要产生额外的压力或者连接螺纹的松开。必须采取防范措施，确保除去可能存在于连通执行机构液压输送管线中的固体或者液体的污染物，避免对单元可能的损害或者动作的丢失。用于连接的管子使用前管内必须进行清洁，用合适的物质清洗或者用氮气吹扫。连接一旦完成，就可操作执行机构，以检查执行机构的功能是否正确、操作时间是否符合工厂的要求，以及液压连接中是否有泄漏。

②电源的接通。

将电源线、控制线和信号线连接到执行机构，把它们和电气元件终端的接线柱连接。

从电缆进口拆去塞子。用于电气连接的元件（电缆密封管、电缆、软管、导管）都要符合工厂技术规格书的要求。将电缆密封管旋入螺纹进口并拧紧，以便保证全天候防护和防爆保护。把连接电缆通过电缆密封管穿入到电气外壳内，并按照可适用的接线图把电缆线连接到终端接线柱上。如果使用导管，那么在电缆外壳内插入软管，这样做可避免在电缆进口的壳体处造成异常的压力。用金属塞子替代没有使用的壳体进口处的塑料塞子，以保证完美的全天候密封和符合防爆保护的规定，完成连接，检查电气控制工作和信号工作。

（5）启动。

执行机构启动期间的程序如下。

①检查所供气源的压力和质量（过滤程度、脱水）是否符合规定。检查电气元件的供电电压（电磁阀线圈、微动开关、压力开关等）是符合规定。

②检查执行机构的控制工作是否适合（遥控、就地控制、紧急控制等）。

③检查所要求的远程信号（阀门位置、油压等）是否正确。

④检查执行机构控制单元组成部分的设定（压力调节、压力转换、流量控制阀等）是否满足工厂的要求。

⑤用合适的液位杆伸入油罐，根据黏着的油检查油位。

⑥如需要，可通过拆卸装配在气缸法兰上的螺钉来净化气缸里的空气。

⑦依靠液压方向控制阀，选择了动作方式（开启或者关闭）以后，借助液压泵检查执行机构是否正常工作。

⑧检查气动装置的连接中是否有泄漏。

（6）常规维修。

GPO 执行机构被设计成可长期在苛刻的条件下工作，不需要维修的产品。然而，为确保执行机构安全平稳运行，应定期按如下要求检查执行机构。

①用要求的操作时间检查执行机构开关阀门的正确性。如果执行机构的操作非常稀少，如果工厂的条件允许，则要用所有的控制（遥控、就地控制、紧急控制等）进行少量的阀门开启和关闭操作。

②检查遥控台信号的正确性。检查提供的气体压力是否在要求的范围内。

③如果在执行机构上有一个气体过滤器，要打开排放旋塞阀排出积聚在杯中的凝结水。定期拆卸这个杯子，用肥皂水洗涤。拆卸过滤器，如果滤芯是烧结的，用硝酸盐溶液洗涤并用油吹扫。如果滤芯是纤维素组成的，当滤芯被堵塞时，必须调换。

④检查执行机构的外部组件是否处于良好状况。

⑤检查执行机构的所有油漆表面。如果一些区域有损坏，请按照有关技术规范进行油漆表面修补。

⑥检查气和液的管线连接中是否有泄漏。

3

气田常用阀门选择准则

3.1 正确选用阀门的意义

对于天然气开采行业来说，天然气从气井井口到地面集输管网、净化处理再到下游用户的输送，如何正确选用阀门对保证各个环节管道控制及设备装置安全运行，提高阀门使用寿命，满足装置设备长周期平稳运行至关重要。因此，阀门选用应遵循安全、经济、可靠、实用的原则。

3.2 阀门的选用原则及步骤

在气田的建设中，阀门在设计和选用时首先需掌握介质的相态、腐蚀性、黏度、温度、压力、流速以及流量等性能，其次必须考虑阀门的密封性能和强度性能，然后，结合工艺、操作、安全等因素，选用相应结构类型、驱动方式以及规格型号的阀门。

3.2.1 阀门选用的基本原则

3.2.1.1 安全

阀门选用的最基本的要求是满足不同工艺管道介质、工作压力、工作温度的需要。例如，对于一些设备管线和压力容器，需要选用具有超压保护功能的安全阀；对于防止操作过程中介质回流的，应采用止回阀。另外，对于腐蚀介质，如硫化氢气体，各种酸类溶液，应选用耐腐蚀的阀体材料。

3.2.1.2 经济

各行各业都以节约投资、降低成本为发展战略，天然气开采行业也不例外。选用阀门时，应综合考虑阀门各项技术指标，在同类阀门都能实现使用功能的条件下，应优先考虑国产阀门（进站旋塞阀选用已国产化）；若一般阀体材质能满足要求的阀门，不应选用等级较高材质的阀门。

3.2.1.3 可靠

天然气开采、集输、净化各个环节紧密相连，要求装置运行要连续、平稳、长周期运行。因此，要求采用的阀门应该具有较高的可靠性，安全系数大，满足装置长周期运行的要求。

3.2.1.4 实用

所选阀门安装应操作简单、便于安装和检修，使操作人员正确识别阀门的方向、开度标志、指示信号；对于一些应急故障的发生，应做到及时关断，避免造成事故伤亡；同时，所选阀门的类型结构应简单实用。

3.2.2 阀门选用步骤

对于管线设备，尤其特殊工艺流程，所需要安装的阀门规格种类各不相同。一般选用阀门应遵循以下7个步骤：

（1）根据阀门在装置或工艺管道中的目的，确定阀门的工作状况，如流经阀门的介质、操作压力、操作温度等。

（2）根据阀门的用途确定阀门的种类，如启闭、止回类阀门，流量调节类阀门，安全泄压类阀门及其他类阀门等。

（3）根据所选阀门用途及工况要求确定阀门的类型，如闸阀、球阀、截止阀、蝶阀、安全阀、止回阀、旋塞阀等、隔膜阀等。

（4）根据工艺管道的设计确定相应阀门的公称直径、公称压力、公称温度等参数。阀门的操作工况应与工艺管道的设计相一致，管道的压力等级确定后，阀门的公称压力也就对应地定下来了；管道采用的标准体系及管道压力等级确定后，所用阀门的公称压力、公称直径、阀门标准即可确定下来。

（5）根据工艺管道的介质特性、工作压力、工作温度确定所选用阀门的壳体及内件的材质，如铸铁、铸钢、合金钢、不锈钢等材料。

（6）根据现场工艺安装要求，确定阀门端面与管道的连接是采用法兰、螺纹或是焊接连接等方式。

（7）利用厂家提供的阀门样本资料，选择合适的阀门产品；并查出所选阀门的几何参数：结构长度、法兰连接形式及尺寸、启闭时阀门高度、连接的螺栓孔尺寸及数量、整个阀门的外形尺寸及质量等，为现场安装阀门提供技术依据。

3.3 阀门的选择

3.3.1 阀门连接方式的选择

目前，阀门最主要的连接方式有螺纹连接、法兰连接及焊接连接。

3.3.1.1 螺纹连接

螺纹连接有两种方式，第一，内螺纹连接，通常是将阀体加工成锥管或直管的内螺纹，管道上加工成锥管或直管的外螺纹，将管道旋入阀体上。外螺纹连接则相反，将阀体旋入管道螺纹内。此种连接方式可能会出现较大的泄漏沟道，一般需配套使用密封带进行密封处理，防止介质向外泄漏，造成环境污染。

螺纹连接的阀门（图 3.1）主要用于工作压力不高、密封强度不大的小直径阀门。如果管道和阀门连接处通径尺寸过大，连接部的安装和密封十分困难。为了便于安装和拆卸螺纹连接的阀门，在工艺管道适当位置可安装接头。

图 3.1 螺纹连接阀门示意图

3.3.1.2 法兰连接

目前，气田上使用的阀门大都是法兰连接的阀门（图 3.2），此类阀门安装和拆卸都比较方便，但缺点是较笨重。区别于螺纹连接方式，法兰连接是由若干条螺纹来紧固的，而单个螺纹所需的紧固力矩要比相应的螺纹连接小，此类连接的阀门使用的公称直径和公称压力范围广。但对于一些高温使用场所，温度过高，螺栓的负荷会由于螺栓、垫片和法兰的蠕变松弛而明显降低，此时应选择耐高温的螺栓材质。

图 3.2 法兰连接阀门示意图

3.3.1.3 焊接连接

焊接连接的阀门（图 3.3）适用范围广，一般在温度高和使用条件苛刻工况下，焊接连接方式更为安全可靠。焊接连接最大的缺点就是拆卸和更换阀门很难实现，必须重新动火、切割、再焊接，延长了阀门更换周期。因此，在气田开发建设中，只有在一些口径较大、长期可靠运行稳定的外输管道埋地截断球阀或温度较高的场合应用。

对于公称直径较小的管道阀门焊接中，由于承插焊在插口与管道间形成缝隙，因而有可能使缝隙受到某些介质的腐蚀，同时管道的振动会使连接部位疲劳，因此承插焊接的使用受到一定的限制。

图 3.3　焊接连接阀门示意图

3.3.2　阀门材质的选择

如何正确、合理地选用阀门壳体及密封内件材料至关重要，因其直接决定着阀门的经济性能指标。合理选择，可以获得阀门最佳的使用寿命和使用性能。错误的选择，可能导致使用成本的增大、不必要的浪费。

选择阀门主要零件材质时，主要考虑流经阀门介质的物理性能（温度、压力）和化学性能（腐蚀性）以及介质的清洁程度（有无固体颗粒）。同时，还要参照国家和相关部门制定的相关标准。

阀门的材质及种类繁多，适用于各种工况，下面根据常用的壳体材质、内件材质和密封面材质进行介绍。

3.3.2.1 阀门常用壳体材质

阀门壳体材质及相应适用温度、压力及介质范围如表 3.1 所示。

表 3.1　阀门壳体常用材料及适用介质

常用材质	适用温度	适用压力	适用介质
灰铸铁	−15~200℃	PN ≤ 1.6MPa	水、煤气等
黑心可锻铸铁	−15~300℃	PN ≤ 2.5MPa	水、海水、煤气、氨等
球墨铸铁	−30~350℃	PN ≤ 4.0MPa	水、海水、蒸汽、空气、煤气、油品等
碳素钢	−29~425℃	中高压阀门	蒸汽、液化气、压缩空气、水、天然气等
低温碳钢（LCB）	−46~345℃	低温阀门	—
合金钢	−29~595℃	高温高压阀门	非腐蚀性介质
奥氏体不锈钢	−196~600℃	—	腐蚀性介质
蒙乃尔合金	—	—	氢氟酸介质
哈氏合金	—	—	稀硫酸等强腐蚀性介质
钛合金	—	—	强腐蚀介质
铸造铜合金	−273~200℃	—	氧气、海水
塑料、陶瓷	≤ 60℃	PN ≤ 1.6MPa	腐蚀性介质

3.3.2.2 阀门常用内件材质

阀门内件常用的材质及使用温度范围如表 3.2 所示。

表 3.2　阀门内件常用的材质及使用温度

阀门内件材质	温度下限（℃/℉）	温度上限（℃/℉）	阀门内件材质	温度下限（℃/℉）	温度上限（℃/℉）
304 型不锈钢	−268/−450	316/600	440 型不锈钢 60RC	−29/−20	427/800
316 型不锈钢	−268/−450	316/600	17-4PH	−40/−40	427/800
青铜	−273/−460	232/450	6 号合金（Co-Cr）	−273/−460	816/1500
因科镍尔合金	−240/−400	649/1200	化学镀镍	−268/−450	427/800
K 蒙乃尔合金	−240/−400	482/900	镀铬	−273/−460	316/600
蒙乃尔合金	−240/−400	482/900	丁腈橡胶	−40/−40	93/200
哈斯特洛依合金 B	−198/−325	371/700	氟橡胶	−23/−10	204/400
哈斯特洛依合金 C	−198/−325	538/1000	聚四氟乙烯	−268/−450	232/450
钛合金	−29/−20	316/600	尼龙	−73/−100	93/200
镍基合金	−198/−325	316/600	聚乙烯	−73/−100	93/200
20 号合金	−46/−50	316/600	氯丁橡胶	−40/−40	82/180

3.3.2.3 阀门密封面常用材质

阀门密封面常用材料及适用介质和允许使用的温度范围如表3.3所示。

表3.3 阀门密封面常用材料及适用介质

密封面材料	使用温度（℃）	硬度	适用介质
青铜	−273~232	—	水、海水、空气、氧气、饱和蒸汽等
316L	−268~316	14HRC	蒸汽、水、油品、气体、液化气体等轻微腐蚀且无冲蚀的介质
17-4PH	−40~100	40~45 HRC	具有轻微腐蚀但有冲蚀的介质
Cr13	−101~400	37~42 HRC	具有轻微腐蚀但有冲蚀的介质
司太立合金	−268~650	40~45 HRC（常温）38 HRC（650℃）	具有冲蚀和腐蚀介质
蒙乃尔合金 KS	−240~482	27~35 HRC 30~38 HRC	碱、盐、食品、不含空气的酸溶剂等
哈氏合金 BC	371 538	14 HRC 23 HRC	腐蚀性矿酸、硫酸、磷酸、湿盐酸气、无氯酸溶液、强氧化性介质
20 号合金	45.6~316 253~427	—	氧化性介质和各种浓度的硫酸

3.3.3 阀门密封方式的选择

3.3.3.1 填料

用以密封阀门的闭合元件的杆或轴称为填料（图3.4）。通常是用填料压环或导向盘及由压盖法兰提供的压缩力将填料保持就位。填料压环是一种金属环，它是用来夹持阀帽盖内的填料，以使填料处于均匀状态。填料压环一般设置在手动开—关或低性能的节流阀中。导向盘用于节流阀以保持闭合元件的轴的阀杆与阀体的正确对正，不过上部导向盘也可视为填料压盖，它能保持填料就位并传递来自压盖法兰作用于填料之力。压盖法兰是一个厚的椭圆形或矩形的零件，用于螺栓与阀体连接，并将导向盘和填料压环跨立在自压盖法兰孔伸出的阀杆和轴的两侧，当螺栓拧紧时，压盖法兰通过填料压环或上导向盘传送轴向负荷到填料上，并压缩填料直到对阀杆或轴及阀帽孔内侧产生密封。阀帽孔是用来说明放置填料的阀体及阀帽的深孔面积的一个术语。

填料主要包括预成型的、正方形的或编织的填料。预成型填料是由填料制造厂生产的特殊形状的填料，例如 V 形。正方形填料是正方形的，并在牢固不破的环内成型。编织填料是由特种弹性材料制成的合股绳，它和带状物相似并切割成所需尺寸。旋塞阀杆的直线运动将某些介质推到填料盒时，需要一个下部填料座擦去阀杆上的流体或任何流体中的悬浮颗粒。总之，下部填料座改变了流体状态以使填料盒上部填料得到合适的密封。同时，上部填料座正常位于远离旋塞阀阀杆的污染部分而避免与流体介质接触，使得上部填料座得到合适的密封。旋转阀因为它的圆形运动，所以不需要底部填料座擦去流体。

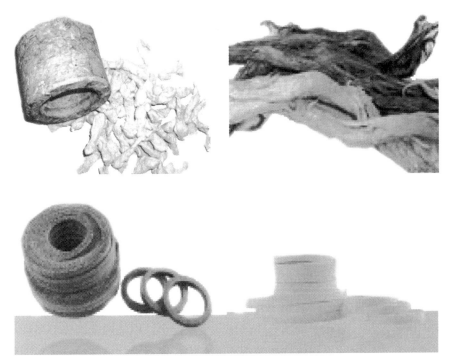

图 3.4 常见填料实物图

不同的填料材料，当压力作用时填料会产生不同的变形，因为所有填料材料均有一定程度的流化倾向，所施加的轴向力会导致大范围的径向力。理论上，当施加轴向力时，径向力在填料中间部分最大，此处亦产生最大的密封。另外，较硬的填料（如石墨填料）则不同，最大径向力提供的密封离填料导向盘较近于填料中部，这种情况是因为填料和阀杆之间的摩擦产生了一个向上轴向力，这与导向盘的向下轴向力相反，可用将石墨填料与导向盘分离的方法解决。

阀杆、轴或填料盒壁的表面任何偏差，都可能是一个潜在的泄漏通道，故对所有填料推荐一个精加工的表面。通常，阀杆和轴精加工到 8~4RMS，阀帽壁为 $32\sim16\mu in$ RMS。阀杆和轴的对中也是填料盒密封性能的关键因素，若阀杆弯曲（小直径阀杆内在的问题）或与不适应的导向盘不同心，则会导致填料径向压缩不相等而造成泄漏通道。对旋转阀，转矩经常会使一些密封元件（如蝶形盘或偏心旋塞）与轴发生轻微不同心而产生泄漏通道。因此，这种形式与导向盘严密的公差配合是维持阀杆及轴同心的关键。

（1）填料形状。

填料、导向盘、定距块等被称为填料盒，阀帽和阀体的填料盒应设计成能容纳很大变化的各种形状的填料。通常的形状是 V 形环，它用一系列带有羽痕边缘的 V 形环借助阀杆或轴的极小摩擦力提供一个自调节的优良密封，这个设计要求上部填料座密封，而下部填料座擦洗阀杆，两个填料座用填料定距环分开。此外，这个设计要求特别光滑的阀帽或阀体孔，若阀杆、轴或孔被刮伤、刻伤或其他损伤，则可能产生泄漏。成双的 V 形环设计与基本 V 形环设计相似，但下部填料座有更多的 V 形环使上部和下部填料座二者有相同数量的 V 形环形状。虽然这种形状对于较好地擦洗阀杆可能是正确的（允许减少一些环以代替上下成对），但它不太可能密封，来自压盖法兰的额外轴向负荷必须施压以压紧附加的 V 形环，这使密封更为困难。此外，成双 V 形环密封较难保持在长周期中不漏。带有套环的成双 V 形环是一个特殊的带孔定距环，套环可使注入填料盒内的润滑剂循环，在定距环中部的外部直径上切口，将套环切去一部分的目的是提供一个泄漏流体自由循环的空间，并在填料盒中心区域连接一个检漏设施，用以预报下部填料破坏以及如果泄漏移动超过上部填料盒时潜在的进一步填料泄漏。

正方形和编织填料被用于标准型和成双填料结构。在应用正方形石墨填料的情况下，经常在成双填料结构上使用一个特殊的加油器以便于把润滑剂注入石墨填料，润滑剂保持石墨的松软和柔韧为阀杆提供了光滑的行程。组合的正方形和编织填料用于石墨填料结构，它可正常地用于高温操作。因为模压成型固体石墨环是特别的耐磨材料，且会产生大的阀杆摩擦，故在上部填料座仅用一个或两个。但是两个固体石墨环不能满足密封填料盒的要求，因此可用较软的编织石墨环完成密封，并且编织石墨环通常用于底部擦拭器座。

当工艺流体是负压或低于大气压力时，需要特殊填料结构，由于 V 形环填料优良的密封能力，因此常被用于负压密封结构。如果工艺过程永远处于负压，则上部填料座和下部填料座两者的 V 形环填料均将填料人字纹反向放置；如果工艺压力在不同时间内由负压变为正压，则应使用成双 V 形环填料，此处上部填料座式反向的，而底部填料座仍保持正常情况。

通常在填料盒内需要一个负压密封，此时与工艺过程的压力无关，这种情况下，可用成双 V 形环填料结构，也可用清洗以造成核监测负压。随着精确的短暂辐射的出现，使用特殊填料材料的几种结构已被设计。

（2）阀门填料种类。

填料可分为软质填料及硬质填料两种，如表 3.4 所示。阀门填料的特点如表 3.5 所示。

软质填料：系由植物质，即大麻、亚麻、棉、黄麻等，或由矿物质，即石棉纤维，或由石棉纤维内夹金属丝和外涂石墨粉等编织的线绳，也有压成的成型填料，以及近年来新发展的柔性石墨填料材料。植物质填料较便宜，常用于 100℃以下的低压阀门；矿物质填料可用于 450 ~ 500℃的阀门。

近年来使用橡胶 O 形圈做填料的结构在逐步推广，但介质温度一般限制在 60℃以下，高温高压阀门上的填料也有采用纯石棉加片状石墨粉压紧而成的。

硬质填料：系由金属或金属与石棉、石墨混合而成的填料以及聚四氟乙烯压合烧结而成型的填料，金属填料使用较少。

気田常用阀门选择准则

表 3.4　填料的类别

分类	种类	名称
编织填料（编织）	石棉编织填料	石墨处理石棉编织填料
		浸聚四氟石棉编织填料
	聚四氟乙烯树脂纤维填料	聚四氟纤维编织填料
	石墨纤维填料	石墨纤维编织填料
	半金属性编织填料	金属性石棉编织填料
模压填料（成型）	塑料密封填料	石墨处理石棉模压填料
		石墨处理模压密封填料
	聚四氟乙烯树脂成型填料	聚四氟乙烯 V 形填料
		聚四氟乙烯 O 形填料
		聚四氟乙烯矩形填料
	橡胶成型填料	V 形填料
		U 形填料
		O 形填料
		其他
金属填料	金属箔填料	铝箔填料
		铅箔填料
	金属丝填料	金属丝缠绕填料

下面对应用较广泛的阀门填料进行举例说明。

① 聚四氟乙烯是用得最广泛的填料，因为它有极好的化学惰性和优良的润滑性。聚四氟乙烯可以整体压制，也可以车制成形（V 形环），也可以作为石棉填料的润滑剂，整体的 V 形环要加弹簧力使它对阀杆具有起码的预紧力。整体聚四氟乙烯的缺点是热膨胀系数高，接近室温时，要求特别好的表面光洁度，阀杆的表面光洁度是 8 均方根值（以微英寸表示粗糙度），而密封塞内表面为 16 均方根值，这种规定一般能防止 V 形环的摩擦和损耗。阀门一旦安装了执行机构之后，整体的聚四氟乙烯就不能再替换了。

② 编织石棉仍然是常用的填料，因为它可以做成分离圈，并且能围住阀杆，因此在阀门安装之后便于维修。这种类型的填料常需要添加剂作润滑之用，如云母和石墨，特别是在高温场合下。石棉最高的温度极限接近 10000 ℉，但是，采用散热的上阀盖就显著地降低了填料温度，使它在流体温度高于 10000 ℉时仍可以使用。

③ 聚四氟乙烯是用得最多的石棉填料的润滑剂，特别是温度低于 4500 ℉时更是如此。聚四氟乙烯可以是悬溶胶体，也可以是包着石棉芯的编织套，后者更好，因为它综合了石棉的弹性、可变性和聚四氟乙烯的润滑性，也就是说，降低了聚四氟乙烯和阀杆接触面的摩擦系数。

④ 石墨垫片是最近才迅速使用的填料，它是一种全石墨产品，有挠性和各向异性，

97

类似于热解石墨；它有重要的化学惰性，除了强氧化剂外都是这样。它的摩擦因数低而且填料可用于相当高的温度（升华点是 66000 ℉ ）。调整这种填料时应该注意，由于它的密度高，因此过紧可能会卡住阀杆。

⑤ 氯丁橡胶或丁腈橡胶一类弹性物制成的 O 形环或 V 形环可用于某些低压阀，用以控制 1800 ℉ 以下的流体。这种类型的填料在某些专用阀门中可以见到，如空调设备的温度控制阀。

表 3.5 填料的特点

填料	特点	结构	主要用途
石墨处理石棉编织填料	用较低的紧固压力就可以取得良好的密封性能。但用于 200℃以上温度时，气密性较差	用经热润滑油和石墨处理过的石棉编织而成	广泛用于水、蒸汽、油制品等低温低压的场合
浸聚四氟石棉编织填料	在常温范围内气密性最优异，且摩擦因数低，耐蚀性良好	用经聚四氟乙烯微粒处理过的石棉编织而成	腐蚀性介质及各种气体
聚四氟纤维编织填料	在常温范围内气密性最优异，且摩擦因数低，耐蚀性良好	用经聚四氟乙烯微粒处理过的聚四氟乙烯纤维编织而成	腐蚀性介质及各种气体
半金属性编织填料（加入金属丝的石棉编织填料）	因使用金属丝进行增强，故耐压耐热性优异	用经铜丝、不锈钢丝、蒙乃尔合金丝或因科纳尔镍铬铁耐热耐蚀合金丝等金属丝进行增强的石棉编织而成，一般由线状石棉和石墨作为内心	用于高温、高压场合
石墨处理石棉模压填料	气密性优异，与半金属性编织填料或金属箔填料组合使用的情况较多	在石墨和线状石棉中添加若干黏合剂而成	适用于渗透性强的液体介质或气体
石墨处理模压密封填料	具有弹性、自润滑性、耐热性和耐药品性，在高温和极低的温度下，几乎不改变其物理性能	用高纯度的石墨成型	适用于强腐蚀性介质以外的所有介质
铝箔填料	因在常温下气密性差，故一般与石墨处理石棉模压填料组合使用	将用润滑油和石墨处理过的铝箔加工成棒状，再模压成型	油类介质

3.3.3.2 垫片

垫片为可压延的材料，它可能是软的或是硬的，它被插入两个密封面之间以防止接头的泄漏。垫片被放于两个部件之间的接头预定空间内，此空间可以是埋头孔、槽或定位板，由螺栓或夹子所产生的压力，将垫片牢固压紧。为避免损伤零件和产生适当密封，垫片必须是比部件本身较软的组成物。

根据温度、压力或工艺流体性质，垫片由各种不同材料制成。有些垫片要求有回弹性或自增性以能适应温度或应力的变化，此变化要求垫片相应地膨胀和收缩。其他垫片，当用于较稳定或苛刻的工况时应由较硬材料制成（例如软的金属），它提供严密的密封，但不是自增性能的，并且一经压缩就不能再次使用。

（1）使用垫片目的。

① 垫片在密封机件周围防止泄漏。例如，垫片用于密封线性阀门里面的阀体和阀

座之间的接头，以防止由阀门上游侧到下游侧的泄漏，如果没有垫片，流体将通过阀芯泄漏。

② 垫片用于防止流体向大气泄漏。例如，对于阀体和顶部进入阀门在可拆卸接头处要有垫片。

③ 要求垫片适应内部机件的功能，该机件指的是分开的流体室，例如压力平衡阀芯。

图 3.5 为一些常见的垫片。

图 3.5　常见垫片实物图

（2）垫片的种类。

垫片有不同类型，最常见的是平面垫片、缠绕垫片、金属 O 形环垫片、金属 C 形环垫片、金属弹簧自增强环垫片和金属 U 形环垫片（表 3.6）。各类常用垫片的特点及结构见表 3.7。

① 平面垫片。

在不同的垫片类型中，最简单和便宜的是平面垫片，如其名称所述，垫片加工成一个简单的外径、内径和一定的高度。一般来说，由于垫片的弹性和塑性变形，垫片很容易适应接头金属不规则表面。

平面垫片最适宜用于温度和压力不苛刻的普通操作。平面垫片可由塑料制造，例如聚四氟乙烯（PTFE）、氟三氟乙烯（CTFE）或软金属（例如紫铜、银、软铁、铅或黄铜），某些金属平板垫片可用于高温操作，例如镍 [1400 ℉（760℃）]、蒙乃尔 [1500 ℉（815℃）] 或因康镍合金 [2000 ℉（1095℃）]。

② 缠绕垫片。

缠绕垫片由交替的金属层和非金属材料层缠绕在一起而成，缠绕金属带通常是 V 形，将填充材料填充在缠绕带之间。缠绕垫片兼备带有软金属缠绕片的平面垫片的弹性，并增加了强度以防止在高温高压工况下可能的垫片漏气。缠绕垫片强度随所选用的材料而变，强度也由缠绕片的数量而定，垫片所能承受的压力随缠绕片数目的增多而增大。当缠绕垫片被压缩，倘若有效地密封但垫片表面不平时，则垫片会被压坏；当缠绕垫片被压缩，因金属带会变形，缠绕垫片永远不能再次使用。

通常情况，缠绕垫片永远不能用于软的阀座或软的密封部位。例如旋塞或盘，其对应的是一个非金属表面，其所需压缩缠绕垫片之力是经过软的阀座（密封）衬套传递，此衬套较垫片更易于压缩，这样，软衬套可能在缠绕垫片全部被压缩之前被挤出，这种结局通常是衬套被毁或阀门泄漏。

高温缠绕垫片所用的填充料原来是石棉板，后来常用的填充材料包括聚四氟乙烯、石墨、云母或陶瓷板。石棉板作填充料的垫片曾被术语称为石棉垫片（AFG）。在高温条件下，石棉垫片的密封性能与含有石墨的缠绕垫片性能很相似，它能在大多数高温工况下代替垫片中的石棉。暂且不谈安全和法律的争议，石棉垫片经常被用户指定，尤其是动力发电工业。此外，石棉垫片还主要用于高温工况，典型地使用是在不锈钢、碳钢和铬钼钢的阀门上。石墨缠绕垫片用于在高温工况下苛刻操作的阀门。根据工艺流体，金属缠绕件可使用 316 不锈钢或因康镍合金。

③ 金属 O 形环垫片。

对于异常苛刻的操作，金属 O 形环垫片适用于广泛的操作工况。代替平板垫片设计，某些金属垫片设计成金属 O 形环，它的形状为圆形管并于端部焊接在一起，虽然大多数形状为圆形，但也可定做成非圆形或不规则形状，像大多数特殊零件一样，金属 O 形环比平板或缠绕垫片贵。金属 O 形环垫片的空心特性使垫片在螺栓或卡子拧紧时使垫片压缩，并提供可靠的密封性，特别是在高温高压和有逆动压力工况下特别有效。使用金属 O 形环垫片的主要优点是适应配合垫片表面的能力，尽管表面上有较少的平度和同心度的偏差。与缠绕垫片一样，金属 O 形环垫片一经压缩就不能再次应用并必须拆卸更换。

④ 金属 C 形环垫片。

金属 C 形环垫片因其奇特的形状而成为它的特征，它是内部直径带有槽面的 C 形环垫片。它的形状可使垫片为自增强，虽然它的价格比其他垫片贵，但金属 C 形环垫片对于要求低阀座负荷和高回弹的工况是理想的。

⑤ 金属弹簧自增强环垫片。

与金属 C 形环垫片某些方面相似，金属弹簧自增强环垫片是在金属 C 形环垫片内加入弹簧，结合两种元件产生高自增强密封。该种垫片要求较高的负载，由于较大的负荷增加了回弹性，垫片就会提供更坚实的密封。因为价格较贵，金属弹簧自增强环垫片规定仅在操作条件变动很大时使用。由于严格的尺寸，例如有关的接头及可变工况的变化，金属弹簧自增强环垫片能在温度和压力变化且维持密封时，使垫片膨胀或收缩。

⑥ 金属 U 形环垫片。

金属 U 形环垫片是为高压 [≤ 12000psi（828bar）工作压力] 和高温 [≤ 1600 ℉（871℃）] 工况设计的，此时密封的可靠性是很重要的。U 形环设计成 U 形的内侧面对压力侧处于负压或当用于负压面时，需借助压力（或负压）辅助垫片功能。因为垫片的扩口端必须保持和上表面的稳定接触，这些表面的不平度偏差必须很小，且必须完全平行。

表 3.6　垫片的类别

分类	种类	名称
非金属垫片	橡胶类垫片	橡胶垫片（NR，NBR，CR，氟橡胶等）
		加布橡胶垫片
		橡胶成型垫片（包括 O 形圈）
	有机纤维质垫片	耐油垫片
	软木质垫片	软木垫片
	合成树脂类垫片	实心垫片（PTFE、PVC 等）
		成型垫片（PTFE、PVC 等）
		聚四氟乙烯树脂（PTFE）包覆垫片
		聚四氟乙烯树脂（PTFE）
	石棉密封垫片	石棉密封垫片
	石棉织布垫片	橡胶石棉织布垫片
		橡胶石棉织布带

分类	种类	名称
非金属垫片	石墨垫片	石墨垫片
		石墨垫片带
	密封胶	液体垫片
		垫片胶膏
半金属性垫片	金属包覆石棉垫片	金属包覆石棉垫片
	缠绕式垫片	缠绕式垫片
金属垫片	金属环垫片	八角形环连接垫片
		椭圆形环连接垫片
		BX 形环连接垫片
	扁形金属垫片	扁形金属垫片
	锯齿形垫片	锯齿形垫片
	异形金属垫片	透镜式垫圈
		三角形垫圈
		双圆锥式垫圈
		马鞍形垫圈
	圆形金属垫片	圆形金属垫片
	空心金属 O 形圈	空心金属 O 形圈
	波形金属垫片	波形金属垫片

表 3.7　各类常用垫片的特点及结构

种类	优点	缺点	结构
石棉密封垫片	使用温度范围广 耐药品性较好 使用压力范围广 有柔软性 使用简单 价格便宜	受热后易变硬 由于黏合剂的种类不同，其特性有所变化 致密性差，有渗透泄漏	将石棉纤维和橡胶黏合剂混合，加热加压，压成厚纸状，成型为片状垫片
聚四氟乙烯树脂实心垫片	耐药品性较好 能耐低温 不污染介质 电气绝缘性能好	高温时易软化 弹性差 在高的紧固压力下易变形 热膨胀系数大	纯聚四氟乙烯树脂或加入填充剂，把四氟板材冲制成需要的形状
聚四氟乙烯树脂包覆垫片	与四氟实心垫片优点相同 压缩性、复原性好 因是软质材料，故也可用于玻璃、GL管、石墨制器械中	高温时易软化，耐热性差 制造时对尺寸和形状有限制 不适用于高压	将有弹性的石棉密封垫片材料作为中心，在其外周包覆聚四氟乙烯树脂制成的垫片
金属包覆石棉垫片	耐热性好 强度高	不易配研 对气体的密封可靠性差	将石棉板或石棉绳作为中心，在外周用金属薄板包覆

种类	优点	缺点	结构
缠绕式垫片	耐热性好 强度高 复原性好 密封性好 表面不需进行精加工 使用简单	异形垫片制作困难	将金属带和石棉弹性材料、聚四氟乙烯树脂条、石墨条等缠绕成螺旋状的垫片，有基本形、带内环形、带外环形、带内外环形四种
扁形金属垫片	可在高温高压下使用 强度高 比金属密封环价格低	需对密封表面进行精加工 需要大的紧固力 复原性差	将金属平板进行冲制或用机械加工方法制成
金属密封环	具有从极低温至高温、由真空至高压的最大适用范围 密封可靠性高	与扁形金属垫片的缺点相同	把实心金属加工成断面形状为八角状或椭圆状的金属环
锯齿形垫片	可在高温高压下使用 因接触面积小，故压紧力比扁形金属垫片低	与扁形金属垫片的缺点相同 法兰密封面易受损伤	用机械加工把金属平板削成断面为锯齿形的金属垫片

3.3.4　阀门的流量特性

3.3.4.1　阀门的流量系数

通常用阀门的流量系数来衡量阀门流通能力，流量系数越大说明流体流过阀门时的压力损失越小。国外工业发达国家的阀门生产厂家大多把不同压力等级、不同类型和不同公称通径阀门的流量系数值列入产品样本，供设计部门和使用单位选用。流量系数值随阀门的尺寸、形式、结构而变化，不同类型和不同规格的阀门都要分别进行试验，才能确定该种阀门的流量系数值。

（1）流量系数的定义。

流量系数表示流体流经阀门产生单位压力损失时流体的流量。由于单位的不同，流量系数有几种不同的表达方式。

（2）阀门流量系数的计算。

阀门的流量特性通常以相对流量与相对开度的关系来表示，衡量阀门流通能力的指标是流量系数 K_v，是指在规定条件下开启位置上阀门的流通能力，流量系数计算的一般公式为：

$$K_v = 10 q_v \sqrt{\frac{\rho}{\Delta p}} \tag{3.1}$$

式中　K_v——流量系数，m^2；

　　　q_v——流量，m^3/h；

　　　ρ——流体密度，kg/m^3；

　　　Δp——阀门的压力损失，Pa。

由于阀门在不同开启位置时，最小流通面积不是常数，又因扩压管的存在，使阀门喉部压力与阀后压力不等，加之扩压效率随工况的变化而变化，蒸汽压力沿流程的变化规律也跟随变化，因而使得理论计算值与实际值常存在着一定的偏差。因此，阀门流量特性曲线通常需借助试验来进一步完善。

（3）影响流量系数的因素。

流量系数值随阀门的尺寸、形式、结构而变，对于同样结构的阀门，流体流过阀门的方向不同，流量系数值也有变化。这种变化一般是由于压力恢复不同而造成的。如果流体流过阀门使阀瓣趋于打开，那么阀瓣和阀体形成的环形扩散通道能使压力有所恢复。当流体流过阀门使阀瓣趋于关闭时，阀座对压力恢复的影响很大。当阀瓣开度很小时，阀瓣下游的扩散角使得在两个流动方向上都会有一些压力恢复。当阀门内部的压降相同时，若阀门内压可以恢复，流量系数值就会较大，流量也就会大些。压力恢复与阀门内腔的几何形状有关，但更主要的是取决于阀瓣、阀座的结构。

当流体的流动使阀门趋于关闭时，流量系数较高，因为此时阀座的扩散锥体使流体的压力恢复。阀门内部的几何形状不同，流量系数的曲线也不同。

（4）根据流量系数选择阀门。

阀门流量特性是指流经阀门的介质与阀门开度的对应关系，它直接影响着调节系统的可靠性和经济性，生产现场安装阀门时要求单阀和顺序阀都要有符合要求的阀门流量特性。

每一个节流阀都有其流动特性，它描述阀门系数 C_v 和阀门行程之间的关系。当阀门打开时，作为选择阀门设计的关键因素 —— 流动特性允许一定流量阀门行程的特定百分数内通过，此种特性允许阀门在可判断的情况下控制流量，这在使用节流阀时是很重要的。

通过节流阀的流速不仅受到阀门流动特性影响，而且也受到阀门压力降的影响。一个阀门特性在具有变动压力降的系统内工作，与相同阀门流动特性在恒定压力降的工况下工作是有很大差别的。当不考虑管线影响，阀门在恒定压力降操作时，流动特性被认为是固有流动特性。但是如果考虑阀门和管线二者的影响，流动特性将改变其理想曲线，被称为安装流动特性。通常，一个系统必须经整体考虑来确定安装流动特性，如蝶阀和球阀，有其固有流动特性，它是不能够改变的，这是因为其闭合元件不能轻易地变更；旋转控制阀在节流的工况下，利用一个带有执行机构定位器的可表示特征的凸轮来改变固有流动特性；1/4 转的旋塞阀和球阀能通过改变旋塞阀的开口以改变流动特性，即通过笼式阀芯内的孔的尺寸和形状或阀芯头的形状来确定。

3.3.4.2　阀门的压力损失

当流体经过阀门时，由于阀门上下游压力的差别，以及阀门内部流通截面的变化，必然产生一个压力降，如果管线尺寸在阀门上游和阀门下游两者是相同的速度且恒定，阀门必须经过摩擦损失而降低流体压力，从而产生流动。阀门摩擦损失的一部分主要是阀门内壁对流体的摩擦损失。此摩擦损失很小，对于适当的流体不能产生足够的压力降。使阀门产生明显压力损失更有效的方法是通过阀体内的节流。许多阀门设计允许阀门一部分比管线更为狭窄，它能更容易地在流体层中提供节流。因为守恒定律，当流体接近阀门时，为了使全部流体通过阀门，它的速度要增加。反之，会产生相应的压力降。压力和速度的关系可以用柏努力方程表示如下：

$$\frac{\rho v_1^2}{2g_c} + p_1 = \frac{\rho v_{vc}^2}{2g_c} + p_{vc} \tag{3.2}$$

由式（3.2）可得流体流经阀门后的压力损失 Δp 如下：

$$\Delta p = \frac{\rho \ (v_{vc}^2 - v_1^2)}{2g_c} \tag{3.3}$$

式中　Δp —— 流经阀门的压力损失，MPa；

　　　ρ —— 单位密度，kg/m^3；

　　　v_1 —— 上游速度，m/s；

　　　g_c —— 重力变换单位，m/s^2；

　　　v_{vc} —— 收缩断面速度，m/s。

根据现场分析，流体流经阀门节流处的最高流速和最低压力不是发生在阀门的节流处，而是发生在节流处的下游某处，这个地方称为收缩断面。如图 3.6 所示，收缩断面不是在本身节流处，而是在节流下游的一段距离，此距离随着所涉及的压力而变化。在收缩断面介质获得最大的速度，物流层的流动面积是其最小值。

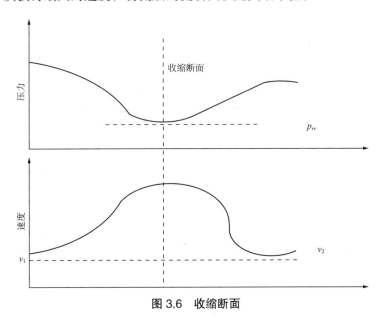

图 3.6　收缩断面

3.3.4.3 阀门的流阻系数

流体通过阀门时，由于流道截面的变化，会产生一定阻力，使流体压力降低，流体阻力损失以阀门前后的流体压力降 Δp 表示。

（1）阀门元件的流体阻力。

阀门的流阻系数取决于阀门产品的尺寸、结构以及内件形状等。阀门内腔的每个流道元件都可以看作为一个产生阻力的元件系统（流体流经弯头、大小头、三通等）。所以阀门内的压力损失约等于阀门各个元件压力损失的总和。

（2）阀门的流体阻力系数。

阀门的流阻系数随阀门的种类、型号、尺寸和结构的不同而变化。其计算公式为：

$$\zeta = \frac{2\Delta p}{v^2 \rho} \tag{3.4}$$

式中　ζ——流阻系数；

ρ——流体密度，kg/mm^3；

v——流体在管道内的平均流速，mm/s；

Δp——被测阀门的压力损失，MPa。

3.3.4.4 天然气节流后的温度变化计算

在低温分离的天然气集气站内，天然气在经过节流阀节流降压后温度会发生变化，为了防止节流后形成水化物，需对节流后的温度进行控制，一般采用加热炉提高节流前气体温度。在对节流后温度进行计算时首先要计算天然气的焦耳—汤姆逊系数，其计算公式为：

$$\mu_j = \left(\frac{\partial T}{\partial p}\right)_H \tag{3.5}$$

式中　μ_j——焦耳—汤姆逊系数，K/MPa；

T——天然气温度，K；

p——天然气压力，Pa；

H——天然气热焓，$J/k\,mol$。

根据式（3.5），进行计算时，计算过程过于复杂，这是因为焦耳—汤姆逊系数与所取天然气的比容和摩尔比热容都有关系，所以根据文献资料查得天然气在不同压力下的焦耳—汤姆逊系数，见表 3.8。

表 3.8　天然气在不同压力下的焦耳—汤姆逊系数

压力，MPa	4.0	6.0	8.0	10.0	12.0	14.0	16.0
μ_j，K/MPa	5.0	4.49	3.47	2.8	2.42	2.1	1.74

根据表 3.8 的焦耳—汤姆逊系数，利用式（3.6）可计算温度变化量。

$$\Delta T = \int_{p_1}^{p_2} \mu_{\mathrm{j}} \mathrm{d}p \qquad (3.6)$$

式中　ΔT —— 节流前后温度的变化，K；

　　　　μ_{j} —— 焦耳—汤姆逊系数，K/MPa；

　　　　p_1 —— 天然气节流后压力，Pa；

　　　　p_2 —— 天然气节流前压力，Pa。

例如，集气站某气井节流前压力为 16MPa，气体温度为 22℃，在经过节流针阀降压后压力降为 4.8MPa，可以根据式（3.6）计算出气体经节流降压后的温度。

首先由表 3.8 查得天然气在 16MPa 时的焦耳—汤姆逊系数为 1.74K/MPa。带入式（3.6）得节流后温度变化量为：

$$\Delta T = 1.74 \times （16 - 4.8）= 19.49（℃）$$

可求得该井节流后温度为 2.51℃，满足气井节流后温度要求。

3.3.4.5　安全阀的设计及弹簧刚度计算

安全阀的结构设计包括阀体结构、密封结构、阀座结构、阀瓣结构、背压平衡结构、紧急提升机构。性能设计包括阀门喷嘴、弹簧以及被保护系统的优化组合设计。

气田使用最多的为弹簧式安全阀，弹簧式安全阀的动作性能主要是通过弹簧来控制的，弹簧的设计成功与否决定了安全阀的最终性能是否达到设计要求和使用要求。其中弹簧的刚度影响最大，若弹簧刚度选择不当，可能造成安全阀不能正常地工作。在安全阀弹簧设计时，弹簧的刚度确定最关键。目前主要是采用以下几种方法来初步计算弹簧的刚度。

（1）由阀瓣升力计算弹簧刚度。

弹簧式安全阀的动作特性，即排放压力、开启高度、回座压力等性能，取决于阀门开启和关闭（回座）过程中流体对阀瓣作用的升力与弹簧载荷力的共同作用结果，上述两力在阀门动作过程中都是变化的。阀瓣升力的变化情况可用升力系数来表述。升力系数是阀瓣升力 F 与介质静压力作用在等于流道面积的阀瓣面积上产生的作用力的比值。即：

$$\rho = \frac{F}{\frac{\pi}{4}d_0^2 p}$$

式中　ρ —— 升力系数；

　　　　F —— 阀瓣升力，即流体作用在阀瓣上总的向上合力，N；

　　　　p —— 阀进口介质静压力，MPa；

　　　　d_0 —— 流道直径，mm。

升力系数取决于阀门结构以及影响介质流动的各零件的形状和尺寸，并随开启高度、调节阀位置和介质的不同而变化，通常只能借助试验来确定。图3.7为安全阀瓣升力系数曲线。

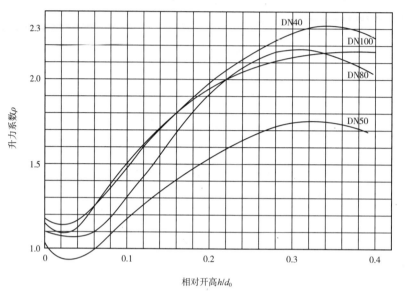

图 3.7　安全阀阀瓣升力系数曲线

弹簧载荷力的变化决定于弹簧刚度，为了获得要求的动作性能，应根据升力系数来确定弹簧刚度。为达到规定的开启高度 h，在开高 h 下的阀瓣升力应大于或等于此时的弹簧力，据此确定弹簧刚度的最大值为：

$$F = \frac{0.9}{h}\left(\frac{\pi}{4}d_0{}^2 p_{dr}\rho_h - \frac{\pi}{4}D_m{}^2 p_s\right)$$

式中　　F —— 弹簧计算刚度，N/mm；

　　　　h —— 阀瓣开启高度，mm；

　　　　d_0 —— 流道直径，mm；

　　　　D_m —— 关闭件密封面平均直径，mm；

　　　　p_{dr} —— 额定排放压力，MPa；

　　　　p_s —— 整定压力（开启压力），MPa；

　　　　ρ_h —— 开启高度为 h 时的阀瓣升力系数。

这种计算法的缺点是没有考虑开启的全过程，仅仅考虑了达到规定升高，而且也没有考虑回座过程，所以计算的弹簧刚度常偏小。

（2）用动作性能参数来计算刚度。

① 微启式安全阀：由于微启式没有反冲机构，可以认为在规定的开启高度内，阀瓣的升程和压力增加成正比，弹簧刚度可用下式计算：

$$F = \frac{(p_{dr} - p)\, A}{h}$$

式中　p_{dr} —— 额定排放压力，MPa；

　　　h —— 阀瓣开启高度，mm，

　　　A —— 介质作用面积，$A = \frac{\pi}{4}(d_0 + b_M)^2$，$mm^2$；

　　　d_0 —— 阀瓣咽喉部直径，即密封面内径，mm；

　　　b_M —— 密封面高度，mm。

② 全启式安全阀：由于全启式有合理的反冲机构，或设置有双调节圈的机构，阀瓣开启速度很快，因此阀瓣的升程和压力增加不成比例。确定弹簧刚度时，应考虑阀瓣开启后，阀瓣受介质作用的面积有所增加，但此时的介质压力已不是排放压力 p_d，而要比 p_d 大大减小，这个减小值，对带有双调节圈的安全阀取 $0.3p_d$，对带有反冲盘的安全阀取 $0.1p_d$，因此它们的弹簧刚度计算公式分别如下。

带双调节圈的安全阀：

$$F = \frac{(p_{dr} - p)\, A + 0.3 p_{dr} A_1}{h}$$

带反冲盘的安全阀：

$$F = \frac{(p_{dr} - p)\, A + 0.3 p_{dr} A_1}{h}$$

式中　A_1 —— 阀瓣开启后受介质作用面积的增加部分，$A_1 = \frac{\pi}{4}(D_W^2 + D_{WP}^2)$，mm；

　　　D_W —— 阀瓣外径或反冲盘直径，（对带双调节圈的安全阀，阀瓣外径 D_W 按 $1.7d_0$ 计算，对带反冲盘的安全阀，反冲盘直径 D_W 按 $2d_0$ 计算），mm；

　　　D_{WP} —— 密封面中径，$D_{WP} = d_0 + d_M$，mm。

3.4　气田常用阀门的选用标准

在选择阀门时，需考虑到阀门启闭件及阀门流道的形状，使阀门具备一定的流量特性。

（1）接通或关闭用阀门。

通常选择流阻较小、流道为直通式的阀门，这类阀门有闸阀、截止阀、柱塞阀。向下闭合式阀门，由于流道曲折，流阻比其他阀门高，故较少选用，但是，在较高流阻的场合，也可选用闭合式阀门。

（2）流量控制用阀门。

通常选择易于调节流量的阀门，如调节阀、节流阀、柱塞阀，因为它的阀座尺寸与启闭件的行程之间成正比例关系。旋转式（如旋塞阀、球阀、蝶阀）和挠曲阀体式（夹管阀、隔膜阀）阀门也可用于节流控制，但通常仅在有限的阀门口径范围内适用。在多数情况下，通常采用改变截止阀的阀瓣形状后作节流用。但是，用改变闸阀或截止阀的开启高度来实现节流作用是极不合理的，因为管路中介质在节流状态下，流速很高，密封面容易被冲刷磨损，失去切断密封作用，相反，用节流阀作为切断装置也是不合理的。

（3）改变流体方向用阀门。

根据换向分流需要，这种阀可有三个或者更多的通道，宜于选用旋塞阀和球阀，大部分分流用的阀门都选用这类阀门。在某些情况下，其他类型的阀门，用两只或更多只适当地相互连接起来，也可用于介质的换向分流。

（4）带有悬浮颗粒的介质用阀门。

如果介质带有悬浮颗粒，最适于采用启闭件沿密封面的滑动带有摩擦作用的阀门，如平板闸阀。

3.4.1　闸阀的选用标准

3.4.1.1　平板闸阀

（1）适用介质范围：水、蒸汽、油品、氧化性腐蚀介质，以（Z42W-16Ti）、酸、碱类烟道气等。

（2）适用于蒸汽、高温油品及油气等介质，以及开关频繁的部位，不宜用于易结焦的介质。

（3）输气管线选用单闸板或双闸板软密封明杆平板闸阀。

（4）输水管线选用单闸板或双闸板无导流孔明杆平板闸阀。

（5）带有悬浮颗粒介质的管道，选用刀形平板闸阀。

3.4.1.2　楔式闸阀

（1）一般只适用于全开或全闭，不能作调节和节流使用。

（2）一般用于对阀门的外形尺寸没有严格要求，且使用条件又比较苛刻的场合，如高温高压的工作介质或要求关闭件要保证长期密封的情况下等。

（3）通常，当使用条件或要求密封性能可靠，高压、高压截止、低压截止、低噪声、有气穴和汽化现象、高温介质、低温深冷时，推荐使用楔式闸阀。

（4）当要求流阻小、流通能力强、流量特性好、密封严格的工况时选用楔式闸阀。

（5）高温、高压介质选用楔式闸阀，如高温蒸汽、高温高压油品。

（6）低温、深冷介质选用楔式闸阀，如液氨、液氢、液氧等。

（7）低压大口径选用楔式闸阀，如污水处理工程。

（8）当高度受限制时选用暗杆式闸阀，当安装高度不受限制时选用明杆闸阀。

（9）在开启和关闭频率较低的场合下，宜选用楔式闸阀。

（10）楔式单闸板闸阀适用于易结焦的高温介质，楔式双闸板闸阀适用于蒸汽、油品和对密封面磨损较大的介质或开关频繁的部位，不宜用于易结焦的介质。

3.4.2 截止阀的选用标准

（1）高温、高压介质的管道或装置宜选用截止阀。

（2）对流阻要求不严的管道上选用截止阀，即对压力损失考虑不大的地方。

（3）小型阀门可选用截止阀，如针形阀、仪表阀、取样阀、压力计阀等。

（4）有流量调节或压力调节，但对调节精度要求不高，而且管道直径又比较小，如公称直径 ≤ 50mm 的管道上，宜选用截止阀或节流阀。

（5）在供水、供热系统中，公称直径较小（< 150mm）的管道上，宜选用截止阀、平衡阀或柱塞阀。

（6）适用于公称直径 200mm 以下的蒸汽等介质管道上；

（7）不适用于黏度较大的介质。

（8）不适用于含有易沉淀颗粒的介质。

（9）不宜作放空阀及低真空系统的阀门。

3.4.3 柱塞阀的选用标准

（1）要求使用在密封要求较高的地方。

（2）使用在水、蒸汽、油品、硝酸、醋酸等介质上。

3.4.4 球阀的选用标准

（1）适用于低温（≤ 150℃）、高压、黏度大的介质。

（2）不能用于流量调节。

（3）用于要求快速启闭的场合。

（4）通常，在双位调节、密封性能严格、磨损、缩口通道、启闭动作迅速、高压截止（压差大）、低噪声、有汽化现象、操作力矩小、流体阻力小的管路中，推荐使用球阀。

（5）适用于轻型结构、低压截止、腐蚀性介质。

（6）适用于低温、深冷介质的最理想阀门，低温介质的管道系统和装置上，宜选用加上阀盖的低温球阀。

（7）大多数球阀可用于带悬浮固体颗粒的介质，根据密封材料的不同也可用于粉状和颗粒状的介质。

（8）选用浮动球球阀时其阀座材料应经得住球体和工作介质的全部载荷，大口径（DN ≥ 200mm）的球阀在操作时需要较大的力，应选用蜗轮传动形式。

（9）高压大口径（DN＞200mm 的罐底阀）的球阀应选用固定球球阀。

（10）酸碱等腐蚀性介质中，宜选用奥氏体不锈钢制造的、聚四氟乙烯为阀座密封圈的全不锈钢球阀。

3.4.5　节流阀的选用标准

（1）适用于温度较低、压力较高的介质。

（2）需要调节流量和压力的部位。

（3）不适用于黏度大和含有固体颗粒的介质。

（4）不宜作隔断阀。

3.4.6　旋塞阀的选用标准

（1）一般不适于蒸汽。

（2）一般不适于温度较高的介质。

（3）用于温度较低、黏度大的介质（水、油品、酸性介质）。

（4）用于要求快速启闭的场合。

（5）主要用于切断和接通介质、分配介质和改变介质流动方向的场合。

（6）根据使用的性质和密封面的耐冲蚀性，有时也可用于节流的场合。

（7）通常也可用带悬浮颗粒的介质。

（8）适用于接通、排地用。

（9）适用于多通道结构，一个阀门可以获得 2 ~ 4 个不同的流道，可以减少阀门的用量。

3.4.7　蝶阀的选用标准

（1）适用于制成较大口径的阀门（DN600mm 以上）。

（2）在结构长度要求短的场合宜选用蝶阀。

（3）不宜用于高温、高压的管道系统，一般用于工作温度不大于 80℃、公称压力不大于 1.0MPa 的原油、油品、水等介质。

（4）由于蝶阀相对于闸阀、球阀压力损失比较大，故蝶阀适用于压力损失要求不严的管道系统中。

（5）在需要进行流量调节的管道中宜选用蝶阀。

（6）启闭要求快速的场合适于选用蝶阀。

（7）通常，在节流、调节控制与泥浆介质中，要求结构长度短、启闭速度快、低压截止（压差小）的情况下，推荐使用蝶阀。

（8）在双位调节、缩口的通道、低噪声、有汽化现象，向大气少量渗漏，具有腐蚀性介质时，可选用蝶阀。

（9）在特殊工况下节流调节，或要求密封严格，或磨损严重、低温（深冷）等工况条件下使用蝶阀时，需使用特殊设计金属密封带调节装置的三偏心或双偏心的专用蝶阀。

（10）中线蝶阀适用于要求达到完全密封、气体试验泄漏为零、寿命要求较高、工作温度一般为 -10 ~ 150℃的淡水、污水、海水、盐水、蒸汽、天然气、食品、药品、油品和各种酸碱及其他管道上。

（11）软密封偏心蝶阀适用于通风除尘管道的双向启闭和调节，可用于石油化工系统的煤气及水管道。

（12）金属对金属线密封双偏心蝶阀适用于城市供气及煤气、油品、酸碱等管道，作为调节和节流装置。

（13）金属对金属线密封三偏心蝶阀除作为大型变压吸附（PSA）气体分离装置程序控制阀使用外，还是闸阀、截止阀的良好替代产品。

3.4.8 止回阀的选用标准

（1）为了防止介质逆流，在设备、装置和管道上都应安装止回阀。

（2）止回阀一般适用于清净介质，不宜用于含有固体颗粒和黏度较大的介质。

（3）一般在公称直径 50mm 的水平管道上应选用立式升降止回阀。

（4）直通式升降止回阀在水平管道和垂直管道上都可安装。

（5）对于水泵进口管道，宜选用底阀，底阀一般只安装在泵进口的垂直管道上，并且介质自下而上流动。

（6）升降式较旋启式密封性好，流体阻力大，卧式宜装在水平管道上，立式宜装在垂直管道上。

（7）旋启式止回阀的安装位置不受限制，它可装在水平、垂直或倾斜的管道上，如装在垂直管道上，介质流向要由下而上。

（8）旋启式止回阀不宜制成小口径阀门，可以做成很高的工作压力，公称压力可以达到 42MPa，而且公称直径也可以做到很大，最大可以达到 2000mm 以上。根据壳体及密封件的材质不同，可以适用于任何工作介质（水、蒸汽、气体、腐蚀性介质、油品、药品等）和任何工作温度范围（-196 ~ 800℃）。

（9）适用场合是低压大口径，而且安装场合受到限制。

（10）蝶式止回阀的安装位置不受限制，可以安装在水平管道上，也可以安装在垂直或倾斜的管道上。

（11）隔膜式止回阀适用于易产生水击的管道上，隔膜可以很好地消除介质逆流时产生的水击，它一般使用在低压常温管道上，特别适用于自来水管道。

（12）球形止回阀适用于中低压管道，可以制成大口径。

（13）球形止回阀的壳体材料可用不锈钢制作，密封件的空心球体可包覆聚四氟乙烯工程塑料，所以在一般腐蚀性介质的管道上也可应用。球形止回阀的工作温度在 $-101 \sim 150℃$，公称压力不大于 4.0MPa，公称直径范围在 $200 \sim 1200mm$。

（14）对于不可压缩性流体选用止回阀时，首先要对所需要的关闭速度进行评估，其次是选择可能满足所需要的关闭速度的止回阀的类型。

（15）对于可压缩性流体选用止回阀时，可根据不可压缩性流体选用止回阀的类似方法来进行选择。若介质流动范畴很大，对用于可压缩性流体的止回阀可使用一个减速装置；若介质流连续不断地快速停止和启动，如压缩机的出口，则使用升降式止回阀。

（16）止回阀应确定相应的尺寸，阀门供应商必须提供选定尺寸的资料数据，这样就能找到给定流速下阀门全开时的阀门尺寸大小。

（17）对于 DN50mm 以下的高中压止回阀，宜选用立式升降止回阀和直通式升降止回阀。

（18）对于 DN50mm 以下的低压止回阀，宜选用蝶式止回阀、立式升降止回阀和隔膜式止回阀。

（19）对于 $50mm \leqslant DN \leqslant 600mm$ 的高中压止回阀，宜选用旋启式止回阀。

（20）对于 $200mm \leqslant DN \leqslant 1200mm$ 的中低压止回阀，宜选用无磨损球形止回阀。

（21）对于 $50mm \leqslant DN \leqslant 2000mm$ 的低压止回阀，宜选用蝶式止回阀和隔膜式止回阀。

（22）对于要求关闭时水击冲击比较小或无水击的管道，宜选用缓闭式旋启止回阀和缓闭式蝶形止回阀。

3.4.9　隔膜阀的选用标准

（1）一般适用于 $DN \leqslant 200mm$ 的管道。

（2）适用于工作温度不大于 180℃、公称压力不大于 1.0MPa 的介质。

（3）一般多用于腐蚀性介质（酸性介质等）。

（4）选用隔膜阀要按照隔膜阀的压力 – 温度等级。

（6）研磨颗粒性介质选用堰式隔膜阀。

（7）黏性流体、水泥浆以及沉淀性介质选用直通式隔膜阀。

（8）除了特定品种外，隔膜阀不宜用于真空管道和真空设备上。

（9）用于油品、水、酸性介质和含悬浮物的介质，不适用于有机溶剂和强氧化性介质。

3.4.10　蒸汽疏水阀的选用标准

（1）能准确无误地排除凝结水。

（2）不泄漏蒸汽。

（3）具有排除空气的能力。

（4）能提高蒸汽利用率，耐用性能好，背压容许范围大，抗水击能力强，容许维修。

（5）疏水阀的技术参数，如公称压力、最大高允许温度、最高工作压力、最低工作压力、最大背压率、凝结水排量等应符合蒸汽管网的工况条件。

（6）在凝结水回收系统中，若利用工作背压回收凝结水时，则应当选用背压率较高的疏水阀，如机械型疏水阀。

（7）凝结水回收系统中，若要求用气设备既排出饱和凝结水，又能及时排出不凝性气体时，则应当选用有排出水、排气双重功能的疏水阀。

（8）如果用气设备不允许积存凝结水，则应当选用能连续排出饱和凝结水的疏水阀，如浮球式疏水阀。

（9）用气设备工作压力经常波动时，应当选用不需要调整工作压力的疏水阀。

3.4.11 安全阀的选用标准

（1）蒸汽锅炉安全阀，一般选用全启式弹簧安全阀。

（2）液体介质用安全阀，一般选用微启式弹簧安全阀。

（3）气田生产常用安全阀，一般选用全启式弹簧式安全阀。

（4）液化石油气汽车槽或液化石油气铁路罐车用安全阀，一般选用全启式内装安全阀。

（5）蒸汽发电设备的高压旁路安全阀，一般选用具有安全和控制双重功能的先导式安全阀。

3.4.12 减压阀的选用标准

（1）在给定的弹簧压力级范围内，出口压力在最大值与最小值之间能连续调整，不得有卡阻和异常振动。

（2）对于软密封的减压阀，在规定的时间内不得有渗漏；对于金属密封的减压阀，其渗漏量应不大于最大流量的 0.5%。

（3）出口流量变化时，直接作用式的出口压力偏差值不大于20%，先导式不大于10%。

（4）进口压力变化时，直接作用式的出口压力偏差不大于10%，先导式的不大于5%。

（5）通常，减压阀的阀后压力应小于阀前压力的 0.5 倍。

（6）减压阀的应用范围很广，在蒸汽、压缩空气、工业用气、水、油及许多其他液体介质的设备和管道上均可使用，介质流经减压阀出口处的量，一般用质量流量或体积流量表示。

（7）波纹管直接作用式减压阀适用于低压、中小口径的蒸汽介质。

（8）薄膜直接作用式减压阀适用于中低压、中小口径的空气、水介质。

（9）先导活塞式减压阀适用于各种压力、各种口径、各种温度的蒸汽、空气和水介质，若用不锈耐酸钢制造，可适用于各种腐蚀性介质。

（10）先导波纹管式减压阀适用于低压、中小口径的蒸汽、空气等介质。

（11）先导薄膜式减压阀适用于低压、中压、中小口径的蒸汽或水等介质。

（12）减压阀进口压力的波动应控制在进口压力给定值的80%～105%，若超过该范围，减压前期的性能会受影响。

（13）通常减压阀的阀后压力应小于阀前压力的0.5倍。

（14）减压阀的每一档弹簧只在一定的出口压力范围内适用，超出范围应更换弹簧。

（15）在介质工作温度比较高的场合，一般选用先导活塞式减压阀或先导波纹管式减压阀。

（16）介质为空气或水（液体）的场合，一般选用直接作用薄膜式减压阀或先导薄膜式减压阀。

（17）介质为蒸汽的场合，宜选用先导活塞式或先导波纹管式减压阀。

（18）为了操作、调整和维修的方便，减压阀一般应安装在水平管道上。

3.4.13　呼吸阀的选用标准

（1）对安装位置的要求和温度范围的要求，如寒冷地区就应选用全天候呼吸阀，而安装在管道中的应选用管道式呼吸阀。

（2）机械呼吸阀的控制压力应与有关的承压能力相适应。

（3）机械呼吸阀的规格（法兰通径）应满足油罐的最大进出油呼吸气体流量要求。

4

气田常用阀门安装及操作

正确选用阀门之后，正确的安装和规范的操作才能使其充分发挥能效。阀门在安装调试后，若人为操作不当，会损坏阀门零部件，尤其是阀杆、密封面等关键配件，严重时会导致事故发生。因此，操作人员应懂阀门结构原理、安装方法、操作程序及注意事项，才能使阀门安全、长期、平稳运行。

4.1　阀门的安装

选择安装的阀门各项指标检验合格后才能安装使用，阀门安装应该有利于阀门的操作、维修和拆装。

4.1.1　安装质量检验

4.1.1.1　阀门安装前质量检验

阀门安装前应该对其相关检验报告进行检查。如合格证、试压报告、材质报、产品说明书等，确保所安装阀门符合国家标准，具备安装使用条件后，才能进行安装投运。阀门检验质量标准如下。

（1）阀门必须具有制造厂的出厂合格证，铭牌上应标明公称压力、公称通径、工作温度和工作介质。

（2）高压阀门、合金钢阀门及特殊阀门应有产品质量证明书。

（3）设计要求做低温密封试验的阀门，应有制造厂的低温密封性试验合格证明书。

（4）对剧毒、易燃、可燃介质管道使用的铸钢阀门，应有制造厂的无损探伤合格证明书。

（5）用于SHA级管道的阀门，其焊缝或阀体、阀盖的铸钢件，应有符合现行《石油化工钢制造通用阀门选用、检验及验收》SH3064规定的无损检测合格证书，否则应由生产制造厂逐个进行阀体无损探伤检查并出具质量记录。

（6）合金钢阀门的阀体应逐件进行快速光谱分析，若不符合要求，该批阀门不得使用。

（7）通径在50mm以下的锻钢阀门从每批（同制造厂、同规格、同型号、同时到货）中抽查10%拆检（至少一个），若有不合格再抽查20%，如仍有不合格则退货。其余除进口阀门、有保险公司承保的阀门及厂家已做质保或不允许拆检的阀门外，均进行解体检查。

4.1.1.2 阀门安装要求

阀门安装时，对于流向固定的阀门，首先要确定阀门安装位置介质的流向，然后安装阀门。启力大、强度较低、脆性大和质量较大的阀门，安装时应设置阀架支撑阀门，减少启动应力。

阀门安装的位置，必须方便操作。即使安装暂时困难些，也要为操作人员的长期工作着想，最好阀门手轮与胸口取齐（一般离操作地坪1.2 m），这样开关阀门比较省劲。落地阀门手轮要朝上，不要倾斜，以免操作不便。靠墙基靠设备的阀门，也要留出操作人员站立余地。要避免仰面操作、尤其是酸碱、有毒介质等，否则很不安全。

水平管道上安装的阀门，阀杆最好垂直向上，不宜将阀杆向下安装，因为这样安装不便操作、不便维修，还容易腐蚀阀门。

并排管线上的阀门应有操作、维修拆装的空位，其手轮间距离不小于100mm，如果管距较窄，应将阀门错开排列。表4.1为常用阀门安装要求及注意事项。

表4.1　常用阀门安装要求及注意事项

阀门名称	安装要求及注意事项
闸阀	不要倒装（即手轮向下），否则会使介质长期留存在阀盖空间，易腐蚀阀杆，同时更换填料极不方便明杆闸阀，不要安装在地下，否则由于潮湿而腐蚀外露的阀杆
止回阀	升降式止回阀，安装时要保证其阀瓣垂直，以便升降灵活
截止阀	截止阀的阀腔左右不对称，要让流体由下而上通过，这样阻力小，开启省力，关闭后介质不压填料，便于检修
安全阀	应垂直安装，阀杆与水平面应保持良好的垂直度。安全阀的出口应避免有背压现象，如出口有排泄管，应不小于该阀的出口通径
自动排气阀	自动排气阀必须垂直安装，即必须保证其内部的浮筒处于垂直状态，以免影响排气；安装时，最好跟隔断阀一起安装，这样当需要拆下排气阀进行检修时，能保证系统的密闭，水不致外流；一般安装在系统的最高点，有利于提高排气效率

4.1.2 阀门安装的试压操作

（1）一般情况下，阀门在出厂后安装前不做强度试验，但修补过后阀体和阀盖或腐蚀损伤的阀体和阀盖应做强度试验。对于安全阀，其起跳压力和回座压力应进行校验，其他试验应符合其说明书和有关规程的规定。

（2）阀门安装之前应做强度和密封性试验。低压阀门抽查20%，如不合格应100%地检查，中高压阀门应100%地检查。

（3）试验时，阀门安装位置应在容易进行检查的方向。

（4）焊接连接的阀门，用盲板试压不行时可采用锥形密封或O形圈密封进行试压。

（5）液压试验时应将阀门空气尽量排除。

（6）试验时压力要逐渐增高，缓慢升压，不允许急剧、突然地增压。

（7）强度试验和密封性试验持续时间一般为2～3min，重要的和特殊的阀门应持续5min。小口径阀门试验时间可相应短一些，大口径阀门试验时间可相应长一些。在试验过程中，如有疑问可延长试验时间。强度试验时，不允许阀体和阀盖出现冒汗或渗漏现象。密封性试验，转子泵阀门只进行一次，安全阀、高压阀等重要阀门需进行两次。试验时，对低压、大口径的不重要阀门以及有规定允许渗漏的阀门，允许有微量的渗漏现象。由于通用阀门、电站用阀、船用阀门以及其他阀门要求各异，对渗漏要求应按有关规定执行。

（8）节流阀不做关闭件密封性试验，但应做强度试验及填料和垫片处的密封性试验。

（9）试压中，阀门关闭力只允许一个人的正常体力来关闭，不得借助杠杆之类工具加力（除扭矩扳手外），当手轮的直径大于等于320mm时，允许两人共同关闭。

（10）凡具有驱动装置的阀门，试验其密封性时应用驱动装置关闭阀门，进行密封性试验。对手动驱动装置，还应进行手动关闭阀门的密封试验。

（11）强度试验和密封性试验后装在主阀上的旁通阀，在主阀进行强度和密封性试验。主阀关闭件打开时，也应随之开启。

（12）铸铁阀门强度试验时，应用铜锤轻敲阀体和阀盖，检查是否有渗漏。

（13）阀门进行试验时，除旋塞阀有规定允许密封面涂油外，其他阀门不允许在密封面上进行涂油试验。

（14）阀门试压时，盲板对阀门的压紧力不宜过大，以免阀门产生变形，影响试验效果（铸铁阀门如果压得过紧，还会破损）。

（15）阀门试压完毕后，应及时排除阀体内积水并擦干净，还应做好试验记录。

4.1.3 安装防护措施

阀门在安装、调试过程中，根据工艺需要，关键部位阀门需采取相应的防护措施。

为防止金属、砂砾等异物损坏密封面，需要增设过滤器；为保持空气净化，在阀门前需要增设分离器或空气净化器；为确保后路阀门的安全，需增设安全阀或止回阀；为连续工作，便于维修，应设立并联或旁通系统等。所有这些防护措施都是为了延长阀门的使用寿命及长周期运行。

一般情况下，安全阀、止回阀、减压阀安装时需要增设防护措施（表 4.2 ）。

表 4.2　阀门的安装防护措施

阀门名称	安装防护措施
安全阀	在安全阀前设置一个带铅封的闸阀，闸阀平时处于全开状态。对于腐蚀性介质的安全阀，根据腐蚀轻重，需要在阀门进口处增加耐腐蚀的防爆膜
止回阀	止回阀在使用过程中，为防止阀门失效后介质倒流，需在止回阀前后设置一个具有切断用的阀门，以便于止回阀拆卸维修
减压阀	减压阀在安装时前后应设压力表，以便观察阀门前后压力变化；阀后还应安装有封闭式安全阀，以防减压阀失效后阀门超压时正常压力起跳，保护阀门后路系统

4.1.4　**防腐及保温**

阀门在使用过程中，根据流体介质特性及阀门所处自然环境不同，需要做相应的防腐及保温处理。常用阀门一般需要进行外喷漆及防腐涂层处理，对气田含硫化氢腐蚀性较强的阀门，应选用相应的抗硫材质。当阀门所通过介质温度较低时，需要进行保温处理，如用于节流制冷的节流针阀，由于介质温度较低，需要进行保温处理，增设保温岩棉，同时配有电伴热。

4.2　**阀门的操作**

阀门安装好后，操作人员能熟悉掌握阀门的操作（表 4.3），了解传动装置的运行及各项性能，识别阀门的开启方向、开度标志、指示信号，及时果断地处理各种应急故障。

4.2.1　**手动阀门操作及注意事项**

4.2.1.1　手动阀门的操作

手动阀门在气田生产中应用最广泛，主要是一种通过手轮或手柄来操作的阀门。一般情况下，手柄、手轮顺时针旋转为关闭方向，逆时针旋转规定为开启方向。

新投运的管道和设备因内部脏物、残渣等污物较多，导致下游的常开手动阀门密封面上易粘有脏物，针对此类阀门应采用微开方法，让高速介质冲走这些异物，再轻轻关闭阀门。

表4.3 阀门的操作

阀门名称	操作要求
闸阀	一般关闭或开启到头时,要回转 1/4 ~ 1/2 圈,使螺纹更好密合,以免拧得过紧损坏阀门
截止阀	应该记住阀门全开和全闭的位置,这样可以避免全开时顶撞死点
旋塞阀	当阀杆顶面的沟槽与通道平行时,表明阀门在全开位置;当阀杆向左或与沟槽通道垂直时,表明阀门在全关闭状态
蝶阀	口径较大阀门,在开启时,应先开启旁通阀平衡进出口压差,减少开启力矩

4.2.1.2 操作注意事项

(1)闸阀使用注意事项。

① 当阀杆开闭到位时,不能再强行用力,否则会拉断内部螺纹或插销螺丝,使阀门损坏。

② 开闭阀门时,手不能直接开动时可用 F 扳手开闭。

③ 开闭阀门时,注意阀门的密封面,尤其是填料压盖处,防止泄漏。

(2)截止阀使用注意事项。

① 开启前检查阀门有无缺陷,特别是密封塞有无泄漏。

② 在阀杆不能用手直接转动时,可用专用 F 扳手进行开闭,当仍无法开闭时,不要用加长扳手来强行开闭,从而造成阀门的损坏或引起安全事故。

③ 在用于中压蒸汽管路阀门时,开启时应该先将管内的冷凝水排净,然后慢慢将阀门开启,用 0.2 ~ 0.3MPa 的蒸汽进行管道的预热,避免压力突然升高引起密封面的损坏,当检查正常后将压力调至所需状态。

(3)球阀使用注意事项。

① 带手柄阀门,手柄垂直于介质流动方向为关闭状态,与方向一致的为开启状态。

② 应该将夹套保温蒸汽开启,将阀内易结晶的介质融化后方能开闭阀门,切勿介质未完全融化就强行开闭阀门。

③ 当遇到阀门不能开启时,不能利用加长力臂的方法,强行开启阀门,因为这样会造成因阀杆受阻力较大与阀芯脱落,造成阀门损坏或造成扳手的损坏,从而造成不安全因素。

(4)旋塞阀使用注意事项。

① 阀杆外端为正方形,对角线标注的直线垂直于阀体方向为关闭状态,与阀体方向一致为开启状态。

② 正常开关阀门用旋塞专用扳手,避免与阀杆打滑造成安全事故;尽量不用活动扳手从而造成打滑。

③ 开启阀门按前面检查项目检查,检查完后慢慢开启阀门,开启时尽量不要站在密封面方向,遇到酸碱流体时需佩戴防酸面具。

④ 如管道有视镜的，看到视镜内有流体通过方可检查无误后离开。

（5）蝶阀使用注意事项。

① 阀芯只能旋转 90°，一般阀体上会标明 CLOSE（关闭）和 OPEN（开启）箭头方向，手轮顺时针转动为关闭，反之为开启。

② 若开闭时有一定阻力，可以用专用 F 扳手开阀门，但不能强行开闭，否则会损坏阀杆齿轮。

③ 禁止将手轮卸下，用活动扳手扳动阀杆。

④ 开闭时逐步开闭，观察有无异常情况，防止有泄漏。

（6）节流阀使用注意事项。

① 因为螺纹连接，故开闭时首先检查螺纹连接是否松动有泄漏。

② 开闭阀门时缓慢进行，因其流通面积较小，流速较大，对密封面的冲刷较大，应留心观察，注意压力的变化。

4.2.2　自动阀门操作及注意事项

自动阀门一般靠流体自身动力驱动，主要包括减压阀、止回阀、安全阀等。自动阀门操作注意事项见表 4.4。

表 4.4　自动阀门操作注意事项

阀门名称	操作注意事项
减压阀	使用减压阀时，打开旁通阀或冲洗阀清扫管道，管道干净后关闭旁通阀再启闭减压阀。严禁乱拧乱动、自行拆卸，否则减压阀的严密性能和降压性能都会遭到破坏。减压阀不但起降压作用而且起稳压作用。因此，使用时禁止将减压阀的出气孔堵住
安全阀	需在校验有效期内，并做好相关记录或标志。安全阀在安装时，管路、设备上安装的安全阀控制阀通常为截止阀，必须打开，并且保证安全阀能有效工作；定期将阀盘稍稍抬起，用介质来吹扫内腔杂质
止回阀	注意阀门方向，箭头与介质流向一致，如介质易结晶可能造成阀片不能压下起不到指挥、止回的作用

4.2.3　电动阀门操作及注意事项

电动阀门一般通过电动或电磁等装置来驱动阀门的启闭，通过设置参数、操作仪表或电动开关实现远程控制。气田常用电动阀门有电动排污阀、电动球阀及电动调节阀等。

电动阀门应保持电动装置的灵活、清洁、可靠。一般要求操作人员详细了解电动装置有关结构特点和工作原理，正确判断仪表信号的反馈意义，同时对于常开或常关的电动阀门，应定期进行开启，检查驱动装置是否灵活，以免在紧急情况下出现故障。

5

气田常用阀门管理与维护

阀门从出厂、运输到安装整个过程中，各个环节都需要做到维护与管理到位，尤其是关键部位的阀门在日常运行中，需要定期进行维修保养，使得阀门长期有效运行，以保证设备管线安全、平稳、长周期运行。

5.1 阀门的管理

5.1.1 阀门在运输中的管理

阀门的损坏主要有手轮破损、阀杆弯曲、支架断裂、法兰密封面损坏等，特别是灰铸铁材质阀门的损坏，相当一部分出现在阀门的运输过程当中。造成以上损坏的主要原因是人员对阀门的基本常识不够了解和野蛮装卸作业造成的，所以在阀门的装卸及运输时应注意以下几点。

（1）阀门在生产成功以后需要进行一系列出厂前的试验，合格后才能装箱发货。一般在试验合格后，应清除表面油污，内腔应去除残存的试验介质。在装运过程中，出厂球阀和旋塞阀在运输过程中启闭件应处于开启位置，止回阀应处于关闭位置并固定。

（2）阀门运输之前应准备好相关运输及起吊工具，检查阀门包装是否损坏，对于已进行操作过的阀门，应将密封面擦干净后再关闭，并将进出口通道进行密封。

（3）阀门在装运的过程中，应注意轻起轻放，尽量不要撞击他物，放置要平稳。放置时应直立或者斜立，阀杆向上，并用绳索或垫块固定，以免在运输过程中相互碰撞损坏阀件。

（4）阀门在运输过程中应该保护好阀门的油漆铭牌及法兰密封面，不允许乱扔或拖拉，搬运过程中应该有条不紊，顺次排列堆放。

（5）起吊阀门作业时，阀门要在指定的起吊位置上悬挂，正确起吊，不得使阀门仅在局部受力的情况下进行起吊或牵引。

5.1.2　阀门存放的管理

（1）所有阀门出入库房时，应按照铭牌上的主要内容进行登记，建立台账。试验合格的阀门应做好试验记录并对阀门进行标记。

（2）阀门在条件允许下最好放置在室内库房，并按阀门的规格、型号、材质分别存放。放置、保管时，还应采取防腐措施。部分体积较大无法放入库房的阀门必须采取有效的防水、防尘措施。

（3）取出未使用的阀门返库时，应重新登记。经过壳体压力试验和密封试验后的阀门，闲置时间如果超过半年，使用前必须重新进行检验。

（4）阀门在保管搬运过程中，不得将起吊的索具直接栓绑在手轮上或阀杆上，避免损坏阀件。阀门在存放时还应尽量避免将阀门倒置。

5.1.3　阀门资料的管理

（1）在阀门采购时，应检查制造厂家或代理商提供的质量证明文件是否与实物相对应，并建立相关台账以便管理。

（2）经过检验合格的阀门，检验部门应出具材质复检报告、阀门试验记录和安全阀调整试验记录等文件，并应由有关人员签字，专人保管。

（3）阀门出库时，应根据相关管理规定中的要求，将制造厂提供的质量证明文件和有关检试验记录交付有关部门，作为交工资料。

5.2　阀门的维护

5.2.1　阀门的维护保养要求

阀门使用维护保养的目的在于使阀门处于整洁、润滑良好、阀件齐全以延长阀门寿命和保证启闭可靠。

（1）阀门应放在干燥通风的室内,通径两端需密封防尘。

（2）长期存放的阀门应定期检查,并在加工表面上涂油,防止锈蚀。

（3）阀门安装前应仔细核对标志是否与使用要求相符。

（4）安装时应清洁内腔和密封面，检查填料是否压紧，连接螺栓是否均匀拧紧。

（5）阀门应按照允许的工作位置安装，但需注意检修和操作的方便。

（6）在开启或关闭时旋转手轮，不宜借助其他辅助杠杆。

（7）带有传动机构的阀门，传动件应定期加油润滑。

（8）安装后应定时检修，清除内腔的污垢，检查密封面、阀杆螺母磨损情况。

（9）应有一套科学正确的安装作业标准，检修应进行密封性能实验，并做好详细的记录以备考察。

5.2.2　运行中阀门的维护

5.2.2.1　手动阀门维护和保养

（1）阀门的清洁。

阀门应经常清洁，保持其外部和活动部位的干净，保护阀门油漆的完整。阀门上的灰尘一般用毛刷或压缩空气吹扫；梯形螺纹和齿间的脏物以及阀门上残留的油和介质一般用抹布擦干净或用蒸汽吹扫干净。

室外安装的阀门因容易受到雨雪、灰尘等污物污染，需要对阀杆加保护套以防雨、雾、尘土锈污。

（2）注脂润滑。

阀门的阀杆螺纹，经常与阀杆螺母摩擦，需要涂抹黄油或石墨粉末，起润滑作用。即使不经常启闭的阀门，也要定期转动手轮，对阀杆螺纹添加润滑剂以防止咬住。

阀门注脂时，应注意阀门的开关位置，如球阀维护时一般都处于打开状态，特殊情况下选择关闭保养。闸阀在维护保养时则必须处于关闭状态，确保润滑脂沿密封圈充满沟槽，如果开位，密封脂则直接掉入流道或阀腔造成浪费。

阀门注脂时要注意阀体排污和丝堵泄压问题，阀门试压后，密封腔内的空气和水因环境温度升高而升压，注脂时要先进行排污泄压，以利于注脂工作顺利进行。注脂后密封腔内的空气和水被充分地置换出来。及时地泄掉阀腔压力，也保障了阀门的使用安全。注脂结束后，一定要拧紧排污和泄压丝堵，以防止意外发生。

阀门注脂时要注意出脂的均匀问题。正常注脂时，距离注脂口最近的出脂孔先出脂，然后到低点，最后是高点，逐次出脂。如果不按规律或不出脂，证明存在堵塞，应及时进行清通处理。

阀门注脂后一定要封好注脂口，避免杂质进入，或注脂口处脂类氧化，封盖要涂抹防锈脂，避免生锈。

阀门梯形螺纹、螺母及配套活动部位，应经常保持良好的润滑，防止锈蚀及卡死。露在外部的润滑部位，如螺纹应保持润滑，对于旋塞阀等，应定期加注密封脂，防止磨损及泄漏。

阀门注脂时不能忽略阀杆部位的注脂，阀轴部位有滑动轴套或填料，也需要保持润滑状态，以减小操作时的摩擦阻力，如不能确保润滑，有可能会发生手动开关阀门操作不灵活的情况。

（3）填料的维护。

填料是直接关系阀门开关时是否发生外漏的关键密封件，如果填料失效造成外漏，阀门也就等于失效，特别是输送高温强腐蚀介质管线上的阀门，填料容易老化，加强维护则可以延长填料的寿命。

阀门在出厂时，为了保证填料的弹性，一般以静态下试压不漏为标准，阀门装入管线后，由于温度等因素，可能会发生外渗，需要及时上紧填料两边的螺母，只要不外漏即可，以后再出现外渗再紧，不能一次紧死，以免填料失去弹性，丧失密封性能。

5.2.2.2 电动阀门维护和保养

电动阀门的维护，一般情况下每月不少于一次。维护的内容主要有：保持外表清洁，无粉尘沾积，装置不受水、汽、油污污染；密封良好，密封部位应严密无泄漏；传动部位应定期润滑，防止锈蚀或卡死；确保驱动装置工作正常自如，执行操作准确无误。

（1）阀门的清洁。

电动阀门维护时，要注意电动头及其传动机构中进水的问题，尤其在雨季容易渗入雨水，使得传动机构生锈，温度较低时还可能发生冻结，造成阀门控制时扭矩过大，损坏传动部件或使得电动机空载或超扭矩保护。另外还要定期检查和清理阀内沉积物，发现异常及时处理。

（2）注脂润滑。

由于电动执行机构动作频率高、速度快，难以避免受冲击，这是导致润滑油脂泄漏的一个重要原因，阀门使用过程中一旦润滑油脂泄漏，需要及时加以解决。

电动阀门使用时需加强润滑油的清洁度管理，电动执行机构需使用润滑油，由于润滑油的黏度会随油温变化，黏度过低，蜗轮蜗杆及齿轮等传动部件磨损会增大，传动精确度下降；黏度过高时阀门会动作不良。还有蜗轮蜗杆及齿轮等传动部件磨损、老化产生的杂质与水分的渗入，内部涂层的脱落、锈蚀等都会影响润滑油清洁度，所以需定期检查润滑油脂清洁度。

（3）驱动装置的维护。

每周检查一次电动阀门关闭时的密封性能，即用手摸、耳听感觉判定电动阀门密封效果，发现问题及时报告处理。

电动执行机构运行一段时间后，各类组件因工作频率和负载条件的差异，各易损件先后磨损超标。这个阶段的故障特征是位置反馈接触不良、定位精确度差、稳定性下降、效率显著降低、故障率逐渐增加。这时应全面检查、更换失效部件。开启关闭电动阀门时应注意观察运行平稳状况，发现问题及时处理。

5.2.2.3　气动阀门维护和保养

气动装置的日常维护工作，一般情况下每月不少于一次。维护的主要内容有：外表清洁，无粉尘沾积；装置应不受水、蒸汽、油污的沾染。气动装置的密封应良好，各密封面、点应完整牢固，严密无损。手动操作机构应润滑良好，启闭灵活。

（1）阀门的清洁。

气动阀门的气源应保持干燥、清洁，需定期对与执行器上相应配合使用的空气过滤器进行放水、排污，以免进入电磁阀和执行器，影响正常工作。同时需保持执行器外表清洁，无粉尘、油污等。

（2）注脂润滑。

阀门在开关过程中，原来加注的油脂会不断地流失，再加上温度腐蚀等因素的作用，也会使润滑油不断干涸。因此需每周定期加注润滑油、润滑脂，防止运转部件缺油烧伤损坏。另外，对阀门的传动部位应经常检查，发现缺油时应及时补入，以防止由于缺少润滑剂而增加的磨损，造成传动不灵活或卡壳失效等故障。

（3）气动执行器的维护。

气动阀门在使用过程中需定期检查电磁阀、气源处理三联件以及定位器的气源管路连接是否完好，不得有泄漏情况发生。还要检查电气部分的电源信号或调节电流信号应无缺相、短路、断路故障，外壳防护接头连接应紧实、严密，防止进水、受潮与灰尘的侵蚀，保证电磁阀或定位器正常工作。

不定期检查气缸进出口气接头有无损伤，气缸和供气管系的各部位应进行仔细检查，避免发生影响使用性能的泄漏。检查信号器处于完好状态，信号器的指示灯应完好，整个气动装置应处于正常工作状态，阀门开、关灵活。

5.2.3　闲置阀门的维护

在阀门的使用过程中需要预留备用的阀门，对于闲置的阀门也应定期进行维护保养，主要有以下几点。

5.2.3.1　阀门的清洁

闲置阀门在库存前，应对阀门内部进行吹扫，清出阀门内部的残存物和水溶液等杂质，保持阀门内外部清洁，无油污、灰尘等。库房应该通风，保持干燥。

5.2.3.2　阀件齐全

闲置的阀门应保证阀件齐全，如遇阀门缺少零件，不能拆东墙补西墙，应配齐阀件。对在搬运过程中易损坏、丢失的阀门零件，如手轮、手柄、标尺等，应及时配齐，为下步使用创造良好条件。在阀门存放中要防止他物撞击和人为搬弄及拆卸，必要时，应对阀门活动部位进行固定，对阀门进行包装保护，确保阀门处于完好状态。

5.2.3.3 防护及定期保养

闲置的阀门存放前要对外露阀杆的部位涂润滑油脂进行保护，对阀门的外部要涂刷防锈漆进行保护。

对于长期不用的阀门如果使用的是石棉密封圈填料，应将石棉密封圈从密封塞中取出防止阀杆电化腐蚀，除塑料和橡胶密封面不允许涂防锈剂外，阀门的内腔、法兰密封面、阀杆、阀杆螺母、其他关闭件、阀座密封面和机加工表面等部位，应涂工业用防锈油脂。

阀门试验合格后存放前，内部应清理干净，阀门两端应加防护盖。闲置时间较长的阀门，应定期检查、定期保养，对超过规定使用期的防锈剂、润滑剂，应按规定定期更换或添加，以防止阀门锈蚀和损坏。对于闲置时间过长的阀门，一般从出厂之日起，18个月后应重新进行试压检查。

6

常用阀门的故障及其排除或预防方法

  阀门是气田生产过程的关键设备。在生产过程中起着举足轻重的作用，所以当一个环节的阀门出了问题时，将会影响整个工艺流程是否平稳运行，甚至引发事故。

  通过前几章的介绍，对阀门分类、性能参数以及各类阀门的结构及原理有了一定的认识，尤其是对气田生产过程中的各类阀门有了足够认识。本章对日常生产过程中阀门常见问题、故障及处理方法进行介绍，以期有效指导气田开采技术人员及现场操作员工解决由于阀门故障引起的问题。

6.1 阀门通用件故障及其排除方法

  阀门使用过程中，会出现各种各样的故障，最为常见的故障是通用件设计或者损坏引起的阀门故障。在气田生产过程中通用件故障主要表现为阀门泄漏。

6.1.1 阀门常见泄漏

6.1.1.1 阀体和阀盖泄漏

  阀盖用于连接或是支撑执行机构，阀盖与阀体可以是一个整体，也可以分离。阀体和阀盖泄漏原因及排除方法，见表6.1。

表 6.1   阀体和阀盖泄漏原因及排除方法

泄漏原因	预防和排除方法
质量不高，阀体和阀门盖本体上有砂眼、松散组织、夹渣等缺陷，铸铁阀门最常见	提高铸造质量，安装前严格按照规定进行强度试验
环境温度降低，天冷冻裂	对气温在0℃和0℃以下的铸铁阀门应进行保温或者伴热停止使用的阀门应排除积水
焊接不良，存在着夹渣、未焊透、应力裂纹等缺陷	由焊接组成的阀体和阀门盖得焊缝，应按有关焊接操作规程进行，焊后应进行探伤检验和强度试验
铸铁阀门被重物撞击后损坏	阀门上禁止堆放重物，不允许用手锤撞击铸铁和非金属阀门

6.1.1.2   填料处的泄漏

填料是阀门密封材料，用来填充阀门填料箱的空间，以防止介质经由阀杆和填料箱空间泄漏。

表6.2列出了常见的气田生产过程中由于填料引起的阀门泄漏原因即排除方法，见表6.2。

表 6.2   填料处的泄漏原因及排除方法

泄漏原因	预防和排除方法
填料选用不当，不耐介质的腐蚀，不耐高压或真空，不耐高温或低温	应按工况条件选用填料的材质和形式
填料超过使用期，已老化，丧失弹性	及时更换填料
阀杆弯曲，有腐蚀、磨损	进行矫正、修复
填料圈数不足，压盖未压紧	按规定上足全数，压盖应对称均匀地压紧，并留足预紧间隙
压盖、螺栓和其他部件损坏，使压盖无法压紧	及时修理损坏部件
操作不当，用力过猛等	以均匀正常力量操作，不允许使用长杆、长扳手操作
压盖歪斜，压盖和阀杆间隙过小或过大，致使阀杆磨损，填料损坏	应均匀对称拧紧压盖螺栓，压盖与阀杆间隙过小，应适当增大其间隙，压盖与阀杆间隙过大，应更换压盖

6.1.1.3   垫片处的泄漏

在阀门使用过程中，垫片是阻止介质外漏的主要密封件，用来充填两个结合面（如阀体和阀盖之间的密封面）间所有凹凸不平处，以防止介质从结合面间泄漏。

常见垫片处的泄漏原因及排除方法，见表6.3。

表 6.3   垫片处的泄漏原因及排除方法

泄漏原因	预防和排除方法
垫片选用不对，不耐介质的腐蚀，不耐高压或真空，不耐高温或低温	应按工况条件选用垫片的材质和形式
操作不稳，引起阀门压力、温度上下波动	精心调节，平稳操作
垫片的压力不够或者连接处无预紧间隙	应均匀、对称地上紧螺栓，预紧力要符合要求，不可过大或过小。法兰和螺栓连接处应有预紧间隙

续表

泄漏原因	预防和排除方法
垫片装配不当,受力不匀	垫片装配对正。损坏、加工质量不高应进行修理、研磨。进行着色检查,使静密封面符合有关要求
静密封面加工质量不高,表面粗糙不平,有径向划痕,密封副互补平行	静密封面腐蚀、损坏、加工质量不高应进行修理、研磨,进行着色检查,使静密封面符合有关要求
静密封面和垫片不清洁,混入异物	安装垫片时应注意清洁,密封面应用煤油清洗,垫片不应落地

6.1.1.4 阀门内件泄漏

通常将密封塞泄漏称为外泄,把阀门内件泄漏称为内泄。关闭件泄漏可分两类:一类是密封面泄漏;另一类是密封圈泄漏。

(1)密封面泄漏。

密封面的泄漏原因及排除方法,见表6.4。

表 6.4　密封面的泄漏原因及排除方法

泄漏原因	预防和排除方法
密封面研磨不平,不能形成密合线	密封面研磨时,研具、研磨剂、纱布、砂纸等物件应选用合理,研磨方法要正确,研磨后应进行着色检查,密封面应无压痕、裂纹、划痕等缺陷
阀杆与关闭件的连接处顶心悬空、不正或磨损	阀杆与关闭连接处应符合设计要求,顶心处不符合要求的,应进行修整,顶心应有一定的活动间隙,特别是阀杆台肩与关闭件的轴向间隙不小于 2mm
阀杆弯曲或装配不正,使关闭件歪斜或不居中	阀杆弯曲应进行矫直,阀杆、阀杆螺母、关闭件、阀座经调整后,应在一条公共轴线上
密封面材质选用不当或没有按工况条件选用阀门,密封面容易产生腐蚀、冲蚀、磨损	选用阀门或更换密封面时,应符合工况条件,密封面加工后,其耐蚀、耐磨损等性能良好
对焊和热处理没有按规程操作,因硬度过低产生磨损,因合金元素烧损产生腐蚀,因内应力过大产生裂纹	重新对焊和热处理,不允许有任何影响使用的缺陷存在
经过表面处理的密封面剥落或因研磨量过大,失去原来的性能	对密封面表面进行淬火、渗氮、渗硼、镀铬
密封面关闭不严或因关闭后冷缩出现的细缝,产生冲蚀现象	阀门关闭或开启应有标记,对关闭不严的应及时修复。对因冷缩出现细缝时,应再次关紧
切断阀当做节流阀、减压阀使用,密封面被冲蚀而破坏	作为切断阀的阀门,不允许作为节流阀、减压阀使用,关闭件应处于不开或全关位置
阀门已到关闭位置,继续施加过大的关闭力,包括不正确地使用长杆、长扳手操作,密封面被压坏变形	阀门关闭力适当,手轮直径小于 320mm 只许一人操作,等于或大于 320mm 直径的手轮,允许两人操作,或一人借助 500mm 以内的杠杆操作
密封面磨损过大而产生掉线现象即密封面不能很好地密合	密封面产生掉线后,应进行调节,无法调节的应更换

(2)密封圈泄漏。

密封圈的泄漏原因及排除方法,见表6.5。

表 6.5　密封圈的泄漏原因及排除方法

泄漏原因	预防和排除方法
密封圈碾压不严	注入胶黏剂或碾压固定
密封圈与本体焊接、堆焊不良	重新补焊、无法补焊时，应清除原堆焊层，重新堆焊
密封圈连接螺纹、螺钉、压圈松动	应卸下清洗，更换损坏的螺钉，重新装配。研磨密封圈与连接座密合。对腐蚀严重的可用焊接或粘接等方法修复
密封圈连接面被腐蚀	可用研磨、粘接、焊接方法修复，无法修复时应更换密封圈

（3）密封面嵌入异物的泄漏。

密封面嵌入异物的泄漏原因及排除方法，见表 6.6。

表 6.6　密封面嵌入异物的泄漏原因及排除

泄漏原因	预防和排除方法
不常开启或关闭的密封面上容易沾污染物	加强保养。关闭、开启阀门，关闭时留一条细缝，反复几次让流体将沉积物冲走
介质不干净，含有磨粒、铁锈、焊渣等杂物卡在密封面上	用流体将杂物冲走，对无法用介质冲走的应打开阀门盖取出修理
介质本身含有硬粒物质	应尽量选用旋塞阀、球阀和密封面为软质材料制作的阀门

关闭件脱落产生的泄漏原因及排除方法，见表 6.7。

表 6.7　关闭件脱落产生的泄漏原因及排除方法

泄漏原因	预防和排除方法
操作不良，使关闭件卡死或超过上止点，连接处损坏断裂	关闭阀门不能用力过大，开启阀门不能超过上止点，阀门全开后，手轮要倒转 1/4~1/2 圈
关闭件连接不牢固，松动而脱落	关闭件与阀杆连接应正确、牢固、螺纹连接处应有止退件
选用连接件材质不当，经不起介质的腐蚀和机械的磨损	重新选用连接件

6.1.2　阀杆操作不灵活

阀杆操作不灵活的原因及排除方法，见表 6.8。

表 6.8　阀杆操作不灵活的原因及排除方法

泄漏原因	预防和排除方法
阀杆与其相配合件加工精度低、配合间隙过小，光洁度差	重新加工配合件，按要求装配
阀杆、阀杆螺母、支架、压盖、填料等装配不正，它们的轴线不在同一条直线上	重新装配，应装配正确，间隙一致保持同心，旋转灵活
填料压得过紧，抱死阀杆	适当放松填料

续表

泄漏原因	预防和排除方法
阀杆弯曲	对阀杆进行矫正，不能矫正应更换。操作时，关闭力适当，不能过大
梯形螺纹处不清洁，积满了污物和磨粒，润滑条件差	阀杆、阀杆螺母松脱应经常清洗和加润滑油
阀杆螺母松脱，梯形螺纹滑丝	阀杆螺母松脱应进行修复，不能修的阀杆螺母和滑丝的梯形螺纹件应更换
转动的阀杆螺母与支架滑动部位的润滑差，中间混入磨粒，使其磨损咬死，或因长时间不用而锈死	定期保养，使阀杆螺母处润滑良好，发现有磨损和咬死现象，应及时修理
操作不良，使阀杆变形、磨损和损坏	要掌握正确的操作方法，关闭力要适当
阀杆与传动部位连接处松脱或损坏	及时修复
阀杆被顶死或关闭件被卡死	正确操作阀门

6.1.3 手轮、手柄和扳手的损坏

手轮、手柄和扳手的损坏原因及排除方法，见表6.9。

表 6.9 手轮、手柄和扳手的损坏原因及排除方法

泄漏原因	预防和排除方法
使用长杠杆、长扳手、管钳，或者使用撞击工具导致手轮、手柄、扳手损坏	正确使用手轮、手柄和扳手，禁止使用长杠、长扳手、管钳撞击工具操作
手轮、手柄和扳手的紧固件松脱	连接手轮、手柄和扳手的紧固件丢失和损坏应配齐，对振动较大的阀门以及容易松动的紧固处，应改为弹性垫圈
手轮、手柄和扳手与阀杆连接件，如方孔、键槽或螺纹磨损，不能传递扭矩	进行修复，不能修复的应更换

6.2 气田常用阀门常见故障及其预防

6.2.1 闸阀常见故障及其预防

闸阀常见故障及其预防见表6.10。

表 6.10 闸阀常见故障及其预防

常见故障	产生原因	预防和排除方法
开不起	T形槽断裂	T形槽应有圆弧过渡，提高铸造和热处理质量，开启时不要超过上死点
	单闸板卡死在阀体内	关闭力适当，不要使用长杠杆

常见故障	产生原因	预防和排除方法
	内阀杆螺母失效	内阀杆螺母不耐腐蚀，应更换
	阀杆受热后顶死	阀杆在关闭后，应间隔一定时间，对阀杆进行卸载，将手轮倒转 1/4~1/2 圈
关不严	阀杆的顶心磨损或悬空使闸阀密封时好时坏	阀杆顶丝磨损后应修复，顶心应顶住关闭件，并有一定的活动间隙
	密封面掉线	更换楔式双阀板间顶心调整垫为厚垫，平行双闸板加厚或更换顶锥（楔块），单闸板结构应更换或重新堆焊密封面
	楔式双阀板脱落	选用正确的楔式双阀板闸阀，保持架要定期检查
	阀杆与闸板脱落	正确选用闸板，操作用力适当
	导轨扭曲、偏斜	注意检查，进行修整
	闸板拆卸后装反	拆卸时，应做好记录
	密封面擦伤	不宜在含磨粒介质中使用闸阀；关闭过程中，密封面间反复留有细缝，利用介质冲走磨粒和异物

6.2.2　截止阀和节流阀常见故障及其预防

截止阀和节流阀常见故障及其预防见表 6.11。

表 6.11　截止阀和节流阀常见故障及其预防

常见故障	产生原因	预防和排除方法
密封面泄漏	介质流向不对，冲蚀密封面	按流向箭头或按结构形式安装
	平面密封面沉积污物	关闭时留细缝冲刷几次后再关闭
	锥面密封面不同心	装配要正确，对阀杆、阀瓣或节流锥、阀座三者在同一轴线上，阀杆弯曲要矫直
	衬里密封面损坏、老化	定期检查和更换衬里。关闭力要适当，以免压坏密封面
	针形阀堵死	选用不对，不适于黏度大的介质
	小口径阀门被异物堵住	拆卸或解体清除
失效	内阀杆螺母或阀杆梯形螺纹损坏	选用不对（选型不对），被介质腐蚀，应正确选用阀门的结构形式。操作力要小，梯形螺纹损坏后应更换
节流不准	标尺不对零位或无标尺	标尺应调零，丢失后应及时补齐
	节流锥冲蚀严重	要正确选材和热处理方式，流向要对，操作要正确

6.2.3 球阀常见故障及其预防

球阀常见故障及其预防见表 6.12。

表 6.12 球阀常见故障及其预防

常见故障	产生原因	预防和排除方法
关不严	球体冲翻	装配要正确，操作要平稳，不允许作节流阀使用，球体冲翻后应及时修理，更换密封座
	密封面无预紧压力	阀座密封面应定期检查预紧压力，发现密封面有泄漏或接触过松时，应少许压紧阀封面，预压弹簧失效应更换
	扳手、阀杆和球体三者连接处间隙大，扳手已关到位，球体转角不足 90° 而产生泄漏	有限位机构的扳手、阀杆和球体三者连接处松动和间隙过大时，紧固要牢，调整好限位块，消除扳手提前角，使球体正确开闭
	当做节流阀使用，或者损坏密封面，密封面被压坏	不允许作节流用，拧紧阀座处螺栓应均匀、力要小，不要一次拧得太多太紧，损坏的密封面可进行研刮修复
	阀座与本体接触面不光洁、磨损、O 形圈损坏，使阀座泄漏	提高阀座与本体接触面粗糙度，减少阀座拆卸次数，O 形圈定期更换

6.2.4 旋塞阀常见故障及其预防

旋塞阀常见故障及其预防见表 6.13。

表 6.13 旋塞阀常见故障及其预防

常见故障	产生原因	预防和排除方法
密封面泄漏	阀体与塞锥面加工精度和粗糙度不合要求	重新研磨阀体与塞锥密封面，进行着色检查试压
	密封面中混入磨粒，擦伤密封面	操作时应利用介质冲洗阀内和密封面上的磨粒等脏物，阀门应处全开或全关位置，擦伤密封面应修复
	油封时油路堵塞或没按时加油	应定期检查和疏通油路，按时加油
	调整不当或调整部件松动损坏	应正确调整旋塞阀调节零件，以旋转轻便和密封不漏为准，损坏的应及时更换
	自封式排泄小孔被污物堵塞，失去自紧密封能力	定期检查和清洗，不宜用于含沉淀物多的介质
阀杆旋转不灵活	密封面压得过紧	适当调整密封面的紧压力
	密封面擦伤	定期修理，油封式定期加油
	润滑条件变坏	填料装配时，适当涂些石墨，油封定期加油
	压盖压得过紧	适当放松
	扳手磨损	操作要正确，扳手损坏后应进行修复

6.2.5 蝶阀常见故障及其预防

蝶阀常见故障及其预防见表 6.14。

表 6.14 蝶阀常见故障及其预防

常见故障	产生原因	预防和排除方法
密封面泄漏	橡胶密封圈老化、磨损	定期更换
	密封面压圈松动、破损	重新拧紧压圈，破损和腐蚀严重的更换
	介质流向不对	应按介质流向箭头安装蝶阀
	阀杆与蝶板连接处松脱，使阀门关不严	拆卸蝶阀，修理阀杆与蝶板连接处
	传动装置和阀杆损坏，使密封面关不严	进行修理，损坏严重的应予更换

6.2.6 止回阀常见故障及其预防

止回阀常见故障及其预防见表 6.15。

表 6.15 止回阀常见故障及其预防

常见故障	产生原因	预防和排除方法
升降式阀瓣升降不灵活	阀瓣轴和导向套上的排泄孔堵塞，产生阻尼现象	不宜使用于黏度大和含磨粒的介质，定期修理清洗
	安装和装配不正，使阀瓣歪斜	阀门安装要正确，阀门盖螺栓应均匀拧紧，零件加工质量不高，应进行修理
	阀瓣轴与导向套间隙过小	阀瓣轴与导向套间隙适当，应考虑温度变化磨粒侵入的影响
	阀瓣轴与导向套磨损或卡死	装配要正，定期修理，损坏严重的应更换
	预紧弹簧失效，产生松弛、断裂	预紧弹簧失效应及时更换
旋启式摇杆机构损坏	阀门前后压力接近平衡或波动大，使阀瓣反复拍打而损坏阀瓣和其他件	操作压力不稳定的场合，宜选用铸钢阀瓣和钢摇杆
	摇杆机构装配不正，产生阀瓣掉上掉下缺陷	装配和调整要正确，阀瓣关闭后应密合良好
	摇杆与阀瓣和芯轴连接处松动或磨损	连接处松动。磨损后，应及时修理，损坏严重的应更换
	摇杆变形或断裂	摇杆变形要校正，断裂应更换
介质倒流	除产生阀瓣升降不灵活和摇杆机构磨损原因外，还有密封面磨损，橡胶密封面老化	正确选用密封材料，定期更换橡胶密封面，密封面磨损后及时研磨
	密封面间夹有杂质	含杂质的介质，应在阀前设置过滤器或排污管线

6.2.7 安全阀常见故障及其预防

安全阀常见故障及其预防见表 6.16。

表 6.16 安全阀常见故障及其预防

常见故障	产生原因	预防和排除方法
密封面泄漏	由于制造精度低，装配不当、管道载荷等原因，使零件不同心	修理或更换不合格的零件，重新装配，排除管道附加载荷，使阀门处于良好状态
	安装倾斜，使阀瓣与阀座产生位移，以致接触不严	应直立安装，不可倾斜
	弹簧的两端不平行或装配时歪斜；杠杆式的杠杆与支点发生偏斜或磨损，使阀瓣与阀座接触压力不均匀	修理或更换弹簧，重新装配；修理或更换支点磨损件，消除支点的偏移，使阀瓣与阀座接触压力均匀
	弹簧断裂	更换弹簧，更换的弹簧质量应符合要求
	由于制造质量、高温和腐蚀等因素使弹簧松弛	根据产生原因有针对性地更换弹簧，如果是选型不当应调换安全阀
	阀瓣与阀座密封面损坏；密封面上夹有杂质，使密封面不密合	研磨密封面，其粗糙度 $R_a \geqslant 0.100$；开启（带扳手）安全阀吹扫杂质或卸下安全阀清洗。对含杂质多的介质，选用橡胶、塑料类的密封面或带扳手的安全阀
	阀座连接螺纹损坏或密合不严	修理更换阀座，保持螺纹连接处严密不漏
	阀门开启压力与设备正常工作压力太接近，密封比压降低，当阀门振动或压力波动时，容易产生泄漏	根据设备强度，对开启压力做适当调整
	阀内运动零件有卡阻现象	查明阀内运动零件卡阻原因后，对症修理
阀门启闭不灵活、不清脆	调节圈调整不当，使阀瓣开启时间过长或回座迟缓	重新加以调整
	排放管口径小，排放时背压较大，使阀门开不足	更换排放管，减小排放管阻力
未到压力规定就开启	开启压力低于规定值；弹簧调节螺钉、螺套松动或重锤向支点窜动	重新调整开启压力至规定值；固定紧调节螺钉、螺套和重锤
	弹簧弹力减小或产生永久变形	更换弹簧
未到压力规定就开启	调整后的开启压力接近、等于或低于安全阀工作压力，使安全阀提前动作、频繁动作	重新调整安全阀开启压力至规定值
	常温下调整的开启压力用于高温后，开启压力降低	适当拧紧弹簧调节螺钉、螺套，使开启压力至规定值。如果属于选型不当，应调换带散热器的安全阀
	弹簧腐蚀引起开启压力下降	强腐蚀性的介质，应选用包覆氟塑料的弹簧或选用波纹管隔离的安全阀
到限定开	开启压力高于规定值	重新调整开启压力

续表

常见故障	产生原因	预防和排除方法
启压力仍不动作	阀瓣与阀座被污物粘住或阀座被介质凝结或结晶堵塞	开启安全阀吹扫或卸下清洗,对因温度变冷容易凝结和结晶的介质,应对安全阀伴热或在安全阀底部连接处加爆破隔膜
	寒冷季节室外安全阀冻结	应进行保温或伴热
	阀门运动零件有卡阻现象,增加了开启压力	检查后,排除卡阻现象
	背压增大,使工作压力到规定值后,安全阀不起跳	消除背压,或选用背压平衡式波纹管安全阀
安全阀的振动	由于管道的振动而引起安全阀振动	查明原因后,清除振动
	阀门排放能力过大	选用额定排放量尽可能接近设备的必需排放量的阀门
	进口管口径太小或阻力太大	进口管内径不小于安全阀进口通径或减少进口管的阻力
	排放管阻力过大,造成排放时背压过大,使阀瓣落向阀座后又被介质冲起,以很大频率产生振动	应降低排放管的阻力
	弹簧刚度过大	应选用刚度小的弹簧
	调整圈的调整不当,回座压力过高	重新调整调节圈位置

6.2.8 减压阀常见故障及其预防

减压阀常见故障及其预防见表 6.17。

表 6.17 减压阀常见故障及其预防

常见故障	产生原因	预防和排除方法
阀门直通	阀瓣弹簧断裂或失去弹性	及时更换弹簧
	阀瓣杆或顶杆在导向套内某一处卡住,使阀瓣呈开启状态	及时拆下修理,排除卡阻现象。对无法修复的零件,应予更换
	脉冲阀泄漏或其阀瓣杆在阀座孔内某一位置卡住,使脉冲阀呈开启状态,活塞始终受压,阀瓣不能关闭,介质直通	定期清洗和检查,控制通道应有过滤器,过滤器应完好
	密封面和脉冲阀密封面损坏或密封面夹有杂物	研磨密封面,无法修复的应更换
	膜片、薄膜破损或其周边密封处泄漏而失灵	定期更换膜片、薄膜;周边密封处泄漏时应重新装配;膜片、薄膜破损后应及时更换
	阀后腔至膜片小通道堵塞,致使阀门不能关闭	应解体清理小通道,阀前应设置过滤装置和排污管
	气包式控制管道堵塞或损坏,或者充气阀泄漏	疏通控制管线,修理损坏的管线和充气阀
阀门不通	活塞因异物。锈蚀等原因,卡死在最高位置,不能向下移动,阀瓣不能开启	除定期清洗和检查外,活塞机构的故障应解体清洗和修理

常见故障	产生原因	预防和排除方法
	气包式的气包泄漏或气包内压过低	查处原因后，进行修理
	阀前腔道脉冲阀，脉冲阀到活塞的小通道堵塞不通	通道应有过滤网，过滤网破损应更换；通道出现堵塞应疏通清洗干净
	调节弹簧松弛或失效，不能对膜片、薄膜产生位移，致使阀瓣不能打开	更换调节弹簧，按规定调整弹簧压紧力
阀门压力调节不准	活塞密封不严	应研磨或更换活塞环
	弹簧疲劳	应予更换
	阀内活动部件	解体修理，更换无法修理的部件，装配要正确
	调节弹簧的刚度过大，造成阀后压力不稳定	选用刚度适当的调节弹簧
	膜片、薄膜疲劳	更换膜片或薄膜

附　录

附录1　国内外阀门标准代号

	国内的阀门标准代号		
GB	国家标准	JC	国家建材局标准
3MT	煤炭工业部标准	JB/Z	（原）机械工业部指导性文件
GB/T	国家推荐标准	JJC	国家计量局标准
HB	航空工业部标准	EJ	（原）核工业部标准
GBn	国家标准（内部发行）	CAS	中国标准化协会标准
QJ	国家军用标准	YB	冶金部标准
QB、SG	轻工业部标准	CVA	中国阀门行业标准
ZB	行业标准（专业标准）	HG	化学工业部标准
JZ、JG	城乡环境保护部标准	SY	（原）石油部标准
ZBn	行业标准（内部发行）	SD	水利电力部标准
CB	中国造船总公司标准	ZJB	专业军用标准
LD	劳动人事部标准		
JB/TQ	机械电子工业部通用机械行业内部标准	H	高压管、管件及紧固件通用设计标准
JB	机械行业标准（原）机械工业部标准	Q/TH	（原）机械工业部化工通用机械专业标准
	国外的阀门标准代号		
ISO	国际标准	NF	法国国家标准
AISI	美国钢铁学会标准	ASI	美国规格学会标准
ANSI	美国国家标准	JIS	日本工业标准
API	美国石油学会标准	MIL	美国军用标准
BS	英国国家标准	ASME	美国机械工程师学会标准
DIN	德国国家标准	JPI	日本石油学会标准
AWS	美国焊接协会标准	ASTM	美国材料试验协会标准
MSS	美国阀门和管件制造厂标准化协会标准		

附录2　API阀门标准代号

API 阀门标准代号

序号	代　　号	名　　称
1	API STD 526—84	钢制法兰安全阀
2	API STD 527—91	金属对金属密封座安全阀的阀座密封性（工业级）
3	API STD 591—1998	炼油阀门的用户验收
4	API STD 593—81	球墨铸铁法兰旋塞阀
5	API STD 594—91	对夹式止回阀
6	API STD 595—79	铸铁法兰闸阀
7	API STD 597—81	钢制法兰和对焊缩口闸阀
8	API STD 598—1996	阀门检查和试验
9	API STD 599—94	钢制和球墨铸铁旋塞阀
10	API STD 600—2001	石油和天然气用螺栓连接阀盖钢制闸阀
11	API STD 601—88	凹凸式管道法兰和法兰连接用金属垫片
12	API STD 602—93	紧凑型钢制闸阀
13	API STD 603—91	铸造耐腐蚀 CL150 闸阀
14	API STD 604—81	球墨铸铁法兰闸阀
15	API STD 605—88	大口径碳钢法兰（CL75~900）
16	API STD 606—89	紧凑型钢制闸阀延伸阀体
17	API STD 607—93	1/4 回转阀门软密封座的耐火试验
18	API STD 608—1995	法兰和对焊端的金属球阀
19	API STD 609—91	凸耳对夹型和对夹型蝶阀
20	API 6D—2002	管线阀门规范
21	API 6FA—94	阀门耐火试验规范
22	API 6A—2002	井口装置和采油树设备规范
23	API QI—94	质量大纲规范

附录3 阀门的维护保养参照表

表1 闸 阀

阀门名称	闸 阀
阀门型号	KZ15A23C Z6A23C
安装位置	天然气生产场所管线及设备上
介质及参数	介质：未净化原料天然气，其中含一定量甲醇、凝析油、缓蚀剂、固体颗粒等杂质 压力：0~25MPa，温度 −18~50℃
工作原理	闸阀是指闸板沿通路中心线的垂直方向移动的阀门。闸阀在管路中只能作全开和全关切断用，不能用于调节和节流。闸阀关闭时，即依靠介质压力将闸板的密封面压向另一侧的阀座保证密封面的密封。开启阀门时，当闸板提升高度等于阀门通径的1.1倍时，流体的通道完全畅通
使用注意事项	（1）阀门只能全开全关，作业人员操作时应站在阀门侧面缓慢操作 （2）开闭阀门时，若手不能直接开动，可用F扳手开闭，但不能使用长杠杆，转动手轮的速度不能过快，以免产生较大的水击压力而损坏管件 （3）当阀杆开闭到位时，不要再强行用力，以免造成闸板脱落或拉断内部螺纹或插销螺丝，使阀门损坏。在关闭和开启到头时，要回转半扣或1/4扣 （4）开闭阀门时注意观察阀门的密封面，尤其是防止填料压盖处泄漏
维护与保养	（1）定期用黄油枪给黄油孔内加注黄油对阀杆部位进行润滑，并进行全开关操作 （2）定期检查阀门法兰连接部位以及填料部位是否有渗漏，当阀门的法兰和密封塞泄漏时，应压紧或更换垫片填料，当密封圈压盖螺丝伸出1/2时也应该及时添加或更换密封圈 （3）对不经常开启的阀门要定期转动手轮，以防止杂质聚集在密封面处，或者阀杆受热后顶死 （4）每年应对阀门的轴承、铜套进行打磨涂油维护保养 （5）阀门使用过程中，若有颗粒卡在阀板处而导致阀门关不严，可在关闭过程中，密封面间反复留有细缝，利用介质冲走磨粒和异物
结构图片	图2.6、图2.7

表2 旋塞阀

阀门名称	旋 塞 阀
阀门型号	K3045C
安装位置	天然气生产场所管线或容器放空处
介质及参数	介质：未净化原料天然气，其中含一定量甲醇、凝析油、缓蚀剂、固体颗粒等杂质 压力：0~25MPa，温度 −18~50℃
工作原理	旋塞阀的启闭件是一个有孔的圆柱体，绕垂直于通道的轴线旋转，从而达到启闭通道的目的。旋塞阀主要供开启和关闭管道及设备介质之用，塞体随阀杆转动，以实现启闭动作。旋塞阀的塞体多为圆锥体（也有圆柱体），与阀体的圆锥孔面配合组成密封副
使用注意事项	（1）当阀杆开闭到位时，不能再强行用力 （2）旋塞阀必须全开或者全关，不能用作气体流量控制的阀门 （3）开闭阀门时注意观察阀门的密封面，尤其是填料压盖处防止泄漏

阀门名称	旋　　塞　　阀
维护与保养	（1）定期将密封脂从密封脂加注孔注入阀体锥孔与塞体之间，以提高密封性和使用寿命 （2）加注密封脂时要对旋塞阀进行开关活动，保证密封脂均匀润滑阀内密封面 （3）发现密封面压得过紧，可以通过旋转阀门底部的调节螺栓适当调整密封面的紧压力 （4）如果密封面中混入磨粒，擦伤密封面导致阀门内漏，可利用介质冲洗阀内和密封面上的磨粒等脏物，操作时阀门应处于全开或全关位置，如发现密封面擦伤时应进行修复
结构图片	图 2.22

表3　截止阀

阀门名称	截　　止　　阀
阀门型号	JH41Y-320
生产厂家	扬州双良阀门制造有限公司；苏州高中压阀门厂
安装位置	集气站、处理厂
介质及参数	介质：天然气，蒸汽，甲醇，气田污水 压力 0~16MPa,温度 ≤ 200℃
工作原理	截止阀的启闭件是塞形的阀瓣，密封面呈平面或锥面，阀瓣沿流体的中心线做直线运动。截止阀属于强制密封式阀门，所以在阀门关闭时，必须向阀瓣施加压力，以强制密封面不泄漏。截止阀开启时，阀瓣的开启高度为公称通径的25%~30%时，流量已达到最大，表示阀门已达全开位置。所以截止阀的全开位置，应由阀瓣的行程来决定
使用注意事项	（1）截止阀安装时要注意安装方向 （2）截止阀只适用于全开和全关，不允许作调节和节流 （3）启闭阀门时，用力要均匀，不可冲击，阀门的启闭速度不能太快，以免产生较大的水击压力而损坏
维护与保养	（1）当阀门的法兰和密封塞泄漏时，应压紧或更换垫片填料 （2）对不经常开启的阀门要定期转动手轮，以防止杂质聚集在密封面处
结构图片	图 2.26、图 2.27

表4　节流截止放空阀

阀门名称	节流截止放空阀
阀门型号	FJ41Y-64
阀门规格	DN15~250mm，PN2.5~16.0MPa
生产厂家	重庆科特工业阀门有限公司
安装位置	集气站、处理厂放空管线
介质及参数	公称压力为 1.6~35.0MPa，工作温度为 –45~450℃的油、气、水、酸、碱介质集输管道上，作启闭控制流体介质及管网放空使用
工作原理	节流截止放空阀，采用笼式节流可使下游流体的噪声减少，活塞式复合密封把密封和节流区分离，使密封副减小冲蚀，采用双重密封结构，具有密封可靠、使用寿命延长、操作轻便等优点，广泛使用在石油、天然气、化工电站等行业紧急放空及其他工作条件下

续表

阀门名称	节流截止放空阀
使用注意事项	直接用手轮转动启闭的阀门只需转动阀门上部的手轮，顺时针旋转阀门关闭，逆时针旋转阀门开启。用齿轮箱传动启闭的阀门，转动齿轮箱上的手轮，顺时针为关，逆时针为开。当未达到阀门关闭时的密封压力，出现主密封不严密时，可通过手轮施加强制关闭力，使其密封
维护与保养	（1）若填料泄漏可扳动注脂嘴上六角螺柱，向填料处注入密封脂阻止泄漏，若不能阻止泄漏就需要更换填料 （2）若注密封脂后，强制关闭后仍有泄漏，可调整压紧阀盖中口螺柱，增强柱塞密封环比压，以达到密封，若仍不能完全密封，可考虑检修密封环
结构图片	 手轮 防转销 注脂孔 阀盖 PN25 80 连接法兰

表5 节流阀

阀门名称	节流阀
阀门型号	JLK45-70，KL44Y-320
安装位置	气井井口、集气站节流总机关
介质及参数	适用于高压未经净化的湿天然气
工作原理	节流阀是一种特殊的截止阀，可通过改变节流截面或节流长度以控制流体流量，将节流阀和单向阀串联则可组合成单向节流阀。节流阀和单向节流阀均是简易的流量控制阀，节流阀没有流量负反馈功能，不能补偿负载变化所造成的速度不稳定，一般仅用于负载变化不大或对速度稳定性要求不高的场合
使用注意事项	节流阀安装要注意方向，正确的方向是阀芯对着气流进口。这样的优点是阀芯不易被磨损；开关较省力；密封塞处于低压端，可保证阀杆填料密封的可靠性
维护与保养	（1）节流阀使用螺纹连接，因此在启闭节流阀时，应当先检查螺纹的连接是否有松动或泄漏的情况 （2）节流阀的阀门启闭速度应缓慢，在操作时要注意观察压力的变化，原因是节流阀的流通面积比较小，一旦流速较高就容易造成密封面的腐蚀

续表

阀门名称	节 流 阀
结构图片	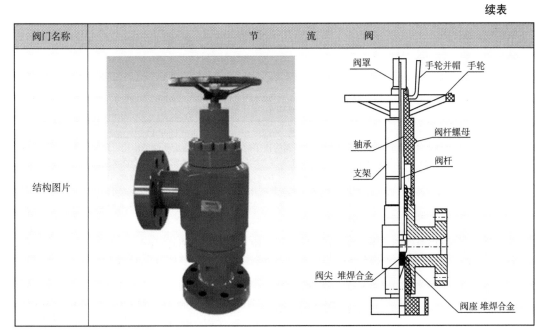

表6 减压阀

阀门名称	减 压 阀
阀门型号	627R–1124 630 RTZ–25G
安装位置	集气站自用气管路,处理厂燃气调压管路
介质及参数	适用于净化天然气、蒸汽
工作原理	减压阀是通过调节使出口压力减至某一需要的压力,并依靠介质本身的能量使出口压力自动保持稳定的阀门。从流体力学的观点看,减压阀是一个局部阻力可变化的节流元件,即通过改变节流面积使流速及流体的动能改变,形成不同的压力损失,最终达到减压目的,依靠控制与调节系统的调节使阀后压力的波动与弹簧力相平衡,使阀后压力在一定的误差范围内保持恒定
使用注意事项	(1)呼吸孔堵塞无法调压:产生原因主要是平时没有注意日常保养、清洁,让杂物沾污减压阀,使其上壳体中直径约为1mm的小圆孔堵塞。这个小圆孔就是呼吸孔,呼吸孔与减压阀内的橡胶薄膜上腔相通,当膜片上下运动时,空气不断从呼吸孔进出,实现调压。因此,如果呼吸孔堵塞,则膜片上方的空气无法正常进出,使压力调节失灵,造成高压气体直接送气,使下游压力突然增大,导致火灾或中毒事故 (2)流量或压力不正常:进口处压力不足,通常是由于滤网受堵塞造成,应及时清洁过滤器滤网,保持畅通 (3)减压阀的结构较严密,产品出厂前均经过精心调试装配并经严格检测后才出厂,故各连接螺钉及调节零件等不允许用户随意拆卸或乱拧乱动,以免降低减压阀的密封性能和降压、稳压性能,更要防止拆卸损坏造成高压直接送气而引起火灾事故
维护与保养	(1)经常检查和清洁,保持呼吸孔的通畅 (2)当发现呼吸孔漏气时,表明橡胶薄膜损坏,应立即拆下减压阀,更换膜片或更换新的减压阀 (3)发现减压后流量减小时,主要原因可能是使用过久,引起橡胶密封圈膨胀变形,若已变形,应更换胶圈 (4)橡胶密封圈是易损件,长期使用后,会由于天然气中杂质的腐蚀作用而使其出现坑凹现象,造成漏气。需要定期对其进行检查
结构图片	图2.57、图2.59

表7   定压输出减压阀

阀门名称	定压输出减压阀
阀门型号	GYF-250
安装位置	天然气气井井口
介质及参数	适用介质为天然气等，进口压力 ≤ 25.0 MPa，工作温度 -10~80℃
工作原理	通过启闭件的节流，将进口压力降至某一需要的出口压力，并借助介质本身能量，使阀后压力自动满足预定要求，适应相应工况的需要。阀门使用时，顺时针方向旋转调节螺栓，顶开导瓣阀，介质由"A"道通入导阀腔进入"S"道，靠介质压力推动活塞，使主阀瓣开启，介质流向阀后，同时由"B"道进入膜片下腔。当阀后压力超过调定压力时，推动膜片压缩调节弹簧，导阀渐渐关闭，流入活塞上部介质减少，活塞上升使主阀瓣在主阀弹簧的作用下渐渐关闭，A腔流向B腔介质较少，阀后压力下降，阀后压力微小的变化，影响膜片和调节弹簧的平衡使膜片上下移动，推动导阀和活塞工作，使主阀上下移动控制介质流量，所以阀后压力保持稳定
使用与操作	阀门安装使用：本阀应安装在水平管道上，阀体所示箭头与介质流向应一致；减压阀前后应该有一段直管，阀前 0.6 倍公称直径以上，阀后 10 倍公称直径以上；本阀在管路上只作稳压用，不作截止用，流通介质必须经过过滤器过滤 调压方法：关闭定压输出减压阀前的闸阀，开启减压阀后的闸阀，制造下游低压环境；将调节螺钉按逆时针旋转至最上位置（相对最低出口压力），然后关闭减压阀后闸阀；慢慢开启减压阀前的闸阀至全开；顺时针缓慢旋转调节螺钉，将出口压力调节至所需要的压力（以阀后表压为准）；调整好后，将锁紧螺母锁紧，打开减压阀后闸阀；如在调整时发生出口压力高于设定压力，需从第一步开始重新调整，即只能从低压向高压调
维护与保养	（1）使用过程中阀门不通气，有可能是A、B、S通道堵塞，需立即清除通道内的污物 （2）如果阀门气直通，有可能是：活塞卡住，需清除缸套和活塞间的污物；主阀、导阀阀杆在导向孔内卡住，需将主阀、导阀阀杆用细砂纸磨小外径；主阀、导阀密封面有污物卡住，需清除主阀、导阀密封上的污物；膜片损坏，需更换新膜片；需检查旁通阀是否关闭； （3）阀后压力调不高：缸套与活塞间隙过大，需更换缸套或活塞；调节弹簧疲劳或损坏，需更换弹簧 （4）阀后压力不稳定：阀门出口流量波动过大；输入与消耗量相差过大
结构图片	图2.61、图2.62

表8   气动调节阀

阀门名称	气动调节阀
阀门型号	HCDE/HCBE
生产厂家	吴忠仪表股份有限公司
安装位置	天然气处理厂
介质及参数	适用于净化天然气、蒸汽
工作原理	气动调节阀是以压缩空气或氮气为动力源的一种自动执行器，它是通过接收调节控制单元输出的控制信号，借助电气阀门定位器、转换器、电磁阀等附件驱动阀门开关量或比例式调节，来完成调节管道介质的流量、压力、温度等各种工艺参数，是物料或能量供给系统中不可缺少的重要组成部分。气动调节阀一般由气动执行机构和阀门组成
使用与保养	调节阀的日常维护在日常巡回检查中进行，每班不少于一次，其主要内容有：向当班工艺操作人员了解调节阀运行情况；查看调节阀、定位器（电气转换器）供气压力及气源净化情况是否正常；检查空气管路接头是否漏气、松动；查看执行机构运行是否灵活；查看调节器输出、定位器（转换器）输出和调节阀动作位置是否相对应；调节阀在手动位置时，观察调节阀杆是否仍有上下移动现象，如有则应检查调节阀执行机构，发现问题及时处理；查看执行器、调节阀各动静密封点，有无泄漏，将听诊探棒置于阀杆处，探听阀芯、阀座在动态运行中是否有异常杂音和较大的振动；发现问题及时处理，并做好巡回

续表

阀门名称	气动调节阀
	检查记录 调节阀在运行中，除做好日常维护工作外，还应定期对有关部件进行维护，其内容包括：每班进行一次调节阀外部清洁工作；每月对阀杆密封填料压盖的松紧情况进行调整，以保持不泄漏工艺介质；在工艺人员配合下，每日对气源贮气罐排污一次；每3个月对气源过滤器排污一次；每月给带有注油器的调节阀补充密封脂 维护保养过程中不得带压拆卸零部件，不得使用不适宜的工具，以防损坏零部件
常见故障处理	（1）气动调节阀不动作 ①无信号、无气源：气源未开；由于气源含水在冬季结冰，导致风管堵塞或过滤器、减压阀堵塞失灵；压缩机故障；气源总管泄漏 ②有气源、无信号：调节器故障；信号管泄漏；定位器波纹管漏气；调节网膜片损坏 ③定位器无气源：过滤器堵塞；减压阀故障；管道泄漏或堵塞 ④定位器有气源，无输出。定位器的节流孔堵塞 ⑤有信号、无动作：阀芯脱落；阀芯与阀杆或与阀座卡死；阀杆弯曲或折断；阀座阀芯冻结或焦块污物；执行机构弹簧因长期不用而锈死 （2）气动调节阀的动作不稳定 ①气源压力不稳定：压缩机容量太小；减压阀故障 ②信号压力不稳定：控制系统的时间常数不适当；调节器输出不稳定 ③气源压力稳定，信号压力也稳定，但调节阀的动作仍不稳定：定位器中放大器的球阀受脏物磨损关不严，耗气量特别增大时会产生输出振荡；定位器中放大器的喷嘴挡板不平行，挡板盖不住喷嘴；输出管、线漏气；执行机构刚性太小；阀杆运动中摩擦阻力大，与相接触部位有阻滞现象 （3）气动调节阀振动 ①调节阀在任何开度下都振动：支撑不稳；附近有振动源；阀芯与衬套磨损严重 ②调节阀在接近全闭位置时振动：调节阀选大了，常在小开度下使用；单座阀介质流向与关闭方向相反 （4）气动调节阀的动作迟钝 ①阀杆仅在单方向动作时迟钝：气动薄膜执行机构中膜片破损泄漏；执行机构中O形密封泄漏 ②阀杆在往复动作时均有迟钝现象：阀体内有污物堵塞；聚四氟乙烯填料变质硬化或石墨—石棉填料润滑油干燥；填料加得太紧，摩擦阻力增大；由于阀杆不直导致摩擦阻力大；没有定位器的气动调节阀也会导致动作迟钝 （5）气动调节阀的泄漏量增大 阀全关时泄漏量大：阀芯被磨损，内漏严重；阀未调好关不严 另外管路中的焊渣、铁锈、渣子等在节流口、导向部位、下阀盖平衡孔内造成堵塞或卡住使阀芯曲面、导向面产生拉伤和划痕，密封面上产生压痕等。这经常发生于新投运系统和大修后投运初期。这是最常见的故障。遇此情况，必须卸开进行清洗，除掉渣物，如密封面受到损伤还应研磨；同时将底塞打开，以冲掉从平衡孔掉入下阀盖内的渣物，并对管路进行冲洗。投运前，让调节阀全开，介质流动一段时间后再纳入正常运行
结构图片	图 2.106

表 9　燃气自闭阀

阀门名称	燃气自闭阀
阀门型号	JA–GS03A
安装位置	天然气家庭用户总出口处
介质及参数	进口压力 $P_1 \leqslant 0.4$ MPa；出口压力 $P_2$1~4 kPa；过滤精度 5~50μm 稳压精度 $\delta P \leqslant \pm 15\%$；关闭压力 $P_b \leqslant 1.25 P_2$ 内置放散压力 3~6kPa；切断阀动作压力 3~8kPa；切断精度 ±5% 工作温度 –20~60℃；进出口通径：DN25,DN40,DN50

阀门名称	燃气自闭阀
工作原理	自闭阀在管网停气或者压力过大时会自动关闭，在正常状态下，自闭阀复位钮拉杆处于绿线刻度状态，当复位钮拉杆上的红线弹出时，证明燃气管道内压力过大，自闭阀自行关闭；当复位钮拉杆全部收回时，则说明管网停气或者发生燃气软管脱落，自闭阀也自行关闭
使用注意事项	安全自闭阀是在供气异常条件下自动关闭的阀门，是一种自动保护装置，不能作为开关阀门人为操作
维护与保养	为了保证自闭阀在管网停气或者压力过大时能够自动关闭，隔一段时间，用户可对自闭阀工作状态进行自检。检查方法为：在正常用气状态下关闭表前阀，此时自闭阀自动关闭，火焰熄灭；再打开表前阀，点燃灶具，如果灶具不能点燃，表明自闭阀关闭良好。如出现故障，可请燃气公司的专业人员进行检测和维修
结构图片	图 2.76

表 10　清管发球阀

阀门名称	清管发球阀
阀门型号	KTNQGB347F
安装位置	输气管线起点
介质及参数	介质为未经净化的湿天然气，在正常情况下含少量游离水及凝析油，不含硫化氢
工作原理	当清管器入清管阀的球体内腔时，通过隔离清管阀体在相互垂直的三通阀体内，做 90°旋转运动。当球体通道和管线通道在同一轴线时，清管器在管道内的流体压力作用下，被清管阀发射
使用与操作	（1）使用发球阀前，首先检查发球阀各部件工作情况，对其进行充压验漏，合格后放空泄压 （2）关闭清管阀 （3）打开清管阀管路放空阀及清管阀阀体放空阀，拔掉快开盲板销钉，打开快开盲板，将清管器尾部向里，头部向外装入清管阀内 （4）关闭清管阀快开盲板，装好销钉，关闭清管阀管路放空阀及清管阀阀体放空阀 （5）打开清管阀 （6）打开清管阀下游球阀，缓慢充压，压力充平后打开上游阀门，观察清管阀前后系统压力 （7）关闭外输主流程上游阀门，使天然气进入清管阀上游 （8）清管器发出后，关闭清管阀，打开清管阀管路放空阀，泄压至零，开发球阀阀体放空阀再次确认压力为零 （9）拔掉清管阀快开盲板销钉，打开快开盲板，检查确认清管器是否发出。确认清管器发出后，关清管阀快开盲板，装好销钉，关闭清管阀管路放空阀和发球阀阀体放空阀（关盲板时要进行保养），充压验漏 （10）若发现清管器未发出，立刻分析原因，并及时采取处理办法
结构图片	图 2.38

表 11　呼吸阀

阀门名称	呼　　吸　　阀
阀门型号	GFQ-2，ZFQ，QZF-89
生产厂家	上海晶闽阀门有限公司
安装位置	各类储罐

续表

阀门名称	呼　吸　阀
介质及参数	蒸汽、轻烃挥发产生的气体
工作原理	呼吸阀工作原理是用弹簧限位阀板，由正负压力决定或呼或吸。呼吸阀应该具有泄放正压和负压两方面功能。当容器承受正压时，呼吸阀打开呼出气体泄放正压；当容器承受负压时，呼吸阀打开吸入气体泄放负压。由此保证压力在一定范围内，保证容器安全
使用注意事项	呼吸阀一般应垂直安装，特殊情况下可以倾斜，如倾斜角度很大或者阀本身自重太大时对阀应增加支承件保护。安装全天候阻火呼吸阀的管道一般不要离地面或地板太高，在管道高度大于2m时应尽量设置平台，以利于操作手轮和便于进行维修。全天候阻火呼吸阀安装前应对管路进行清洗，排除污物和焊渣。安装后，为保证不使杂质残留在阀体内，还应再次对阀门进行清洗，即通入介质时应使所有阀门开启，以免杂质卡住
维护与保养	呼吸阀的维护与保养每月一次，冬季每月两次。清洗方法：先将阀盖轻轻打开，把真空阀盘和压力阀盘取出，检查阀盘与阀盘密封处、阀盘导杆与导杆套有无油污和脏物，如出现油污和脏物应清除干净，然后装回原位，上下拉动几下，检查开启是否灵活可靠。如果一切正常，再将阀盖盖好紧固。在维护与保养中，如发现阀盘有划痕、磨损等异常现象，应立即更换
结构图片	

表12　防爆电磁阀

阀门名称	防爆电磁阀
阀门型号	ZCT-25B
安装位置	集气站自用气区
技术参数	一般选用交流电源供电；电压规格尽量优先选用交流电220V，直流电24V
使用注意事项	（1）天然气生产爆炸性环境下必须选用相应防爆等级的电磁阀 （2）普通电磁阀只有开、关两个位置 （3）安装时应注意阀体上箭头应与介质流向一致，阀体应垂直向上安装 （4）电磁阀应保证在电源电压为额定电压的10%~15%波动范围内正常工作 （5）电磁阀安装后，管道中不得有反向压差，并需通电数次，使之适温后方可正式投入使用 （6）电磁阀安装前应彻底清洗管道，通入的介质应无杂质，阀前装过滤器，不可装在有直接滴水或溅水的地方使用

续表

阀门名称	防爆电磁阀
维护与保养	（1）电磁阀通电后不工作：检查电源接线是否良好→重新接线和接插件的连接；检查电源电压是否在工作范围→调至正常位置范围；检查线圈是否脱焊→重新焊接；检查线圈是否短路→更换线圈；检查工作压差是否不合适→调整压差或更换相称的电磁阀；检查是否有杂质使电磁阀的主阀芯和动铁芯卡死→进行清洗，如有密封损坏应更换密封并安装过滤器 （2）电磁阀不能关闭：检查主阀芯或铁动芯的密封件是否损坏→更换密封件；检查是否有杂质进入电磁阀阀芯或动铁芯→进行清洗；检查弹簧有无变形→更换；检查节流孔平衡孔是否堵塞→及时清洗 （3）其他情况：内泄漏→检查密封件是否损坏，弹簧是否装配不良；外泄漏→连接处松动或密封件已坏→紧螺丝或更换密封件；通电时有噪声→阀门顶部坚固件松动需拧紧。电压波动不在允许范围内，调整好电压铁芯吸合面杂质或不平，及时清洗或更换
结构图片	图 2.123

表 13　井口紧急切断电磁阀

阀门名称	井口紧急切断电磁阀
阀门型号	ZD-40
安装位置	气井井口
技术参数	公称压力为 1.6~35.0MPa，工作温度为 -40~50℃的油、气、水、酸、碱介质集输管道上，应用于苏里格气田气井井口
工作原理	站内控制软件下达开关井指令，经过站内数传电台发送信号给井上接收电台，接收电台把信号转换成控制命令，传送给电磁阀控制模块，控制模块通过通、断电实现对电磁阀的开关控制
使用与操作	（1）开阀。在关闭状态下，通过以下步骤实现开启：直流电磁头 A 通电；电磁头吸取阀芯 I，带动主阀芯上行；阀芯 II 靠弹簧弹力伸出锁住主阀芯；电磁头 A 断电，电磁阀处于开启状态 （2）关阀。在开启状态下，通过以下步骤实现关闭：直流电磁头 B 通电；电磁头吸取阀芯 II；主阀芯靠弹簧弹力下行关闭阀；电磁头 B 断电，电磁阀处于关闭状态
维护与保养	（1）每季度模拟一次超压、欠压状态，观察电磁阀动作及关闭压力与设定压力的误差，误差超过 0.2MPa 时，需重新进行设定 （2）每季度进行一次严密性试验，正常生产过程中关井，流量计显示无流量则阀严密性良好 （3）电磁阀的压力弹簧每年校验一次，每两年大修一次，更换相应部件
结构图片	图 2.126

表 14　电动球阀

阀门名称	电动球阀
阀门型号	Bray S70 电动执行器
阀门规格	DN25，PN6.4
安装位置	分离器排污
技术参数	电源为交流电 230V 50Hz；功率 2W；输入信号为直流电 4~20mA 250Ω；工作温度 -40~70℃
工作原理	电动球阀在管路中主要用于切断、分配和改变介质的流动方向，它是由电动执行器和球阀组成的，因为它的关闭件是球体，操作过程是由球体绕阀体中心线做旋转 90° 来达到开启、关闭的

阀门名称	电动球阀
使用与操作	（1）使用前可以根据现场情况要求在控制电脑上设置阀门的自动开启时间，以及阀门开启排液后自动关闭的时间 （2）在阀门使用过程中需要现场手动操作开启阀门排液时，可以将执行机构上的手轮向外拉伸使其处于人工操作状态，然后转动手轮到阀门所需的位置，当手动操作完毕后，向里推动手轮使执行器处于电动操作状态
维护与保养	由于电动执行机构控制过程比较复杂，它涉及电动执行机构的三大部分：电动机、减速器和电气控制部分，通常情况下电气控制部分出现问题而导致故障的可能性最大。 执行机构不动作（给定控制信号时执行机构没有响应）：现场检查手轮能否操作执行机构，执行机构能否动作；检查阀门有无卡死或执行机构卡死，可以把执行机构从阀门上取下来再进行进一步判断；检查电路板有无故障（电动机驱动部分）或力矩超限，此时请确认力矩开关是否动作，电路部分的故障除了电路板本身的故障外，如果电动机为单相电动机，还有可能是分相电容损坏；检查输入信号是否正常，如果为开关量型，可直接用万用表的电压挡测量信号是否正常；检查控制板输入端阻抗是否正常，判断方法是先断掉执行机构电源，再断开输入信号，用万用表欧姆挡测量模拟输入端的阻抗。对于开关型或两位式，如果执行机构自带伺服控制板，输入阻抗一般应在 1kΩ 以上
结构图片	图 2.115

表 15　埋地球阀

阀门名称	埋地球阀
阀门型号	A105/4140ENP
安装位置	输气支、干线
工作原理	球阀的启闭件是一个球体，是利用球形阀芯绕阀杆的轴线旋转 90° 来使阀门畅通或闭塞的，球阀在输气管道上主要用于切断作用。埋地球阀是为了便于操作，利用接长装置将埋在地下的球阀的操作装置，包括阀杆、注油阀、排泄阀等接出地面
使用注意事项	（1）由于该阀门使用焊接连接，所以在阀门安装时应按照相应的焊接工艺规程操作 （2）安装阀门时，球体应保持在全开位置，如需要在全闭位置下安装，则暴露的球体部位必须涂以保护油脂，防止焊接时飞溅物对球体造成损伤 （3）阀门维修前，应首先关闭阀门，通过阀门底部的泄放阀排尽腔内的压力，确保阀内的压力处于安全范围内 （4）阀门的排放装置有一个排泄孔，操作人员操作时必须观察排出口方向，防止排出物伤人
维护与保养	（1）每年一次对放置阀座的槽腔进行清洁，确保阀座的自由移动 （2）确保阀门安全运行，全开、全闭操作阀门三次，检查阀座注射阀、检查阀体注射阀、阀体或排泄阀，确保阀门处在准确位置，清洁阀门注脂阀 （3）如阀门的排泄阀在排泄时不停排泄，首先检查阀门是否处于全关闭状态，利用阀座注脂孔对每个阀座注入满容量密封剂，然后对阀门进行排泄 （4）如果阀座发生泄漏，可对阀座进行清洁、冲洗，首先检查阀门是否完全关严，可采取操作阀门到完全关闭；其次是检查执行机构的限位是否能正确调整，可适当调整执行机构的限位 （5）如阀杆处发生泄漏，可能是阀杆的密封出了故障，可采取更换阀杆最上层的 O 形圈，或者利用阀杆的注射孔，注入少量的密封剂
结构图片	图 2.12

表 16　球　阀

阀门名称	球　　　　阀
阀门型号	G600-GS71-2200MN-C-5
安装位置	输气管线
工作原理	球阀的启闭件是一个球体，是利用球形阀芯绕阀杆的轴线旋转 90° 来使阀门畅通或闭塞的，球阀在输气管道上主要用于切断
使用注意事项	（1）禁止阀门在全开或部分开启的位置进行截断和排泄的操作，清洁或更换排泄阀时应将球阀完全关闭 （2）安装阀门时，球体应保持在全开位置，如需要在全闭位置下安装，则暴露的球体部位必须涂以保护油脂，防止焊接时飞溅物对球体造成损伤 （3）阀门维修前，应首先关闭阀门，通过阀门底部的泄放阀排尽腔内的压力，确保阀内的压力处于安全范围内 （4）阀门的排放装置有一个排泄孔，操作人员操作时必须观察排出口方向，防止排出物伤人
维护与保养	（1）每年一次对放置阀座的槽腔进行清洁，确保阀座的自由移动 （2）确保阀门安全运行，全开、全闭操作阀门三次，检查阀座注射阀、检查阀体注射阀、阀体或排泄阀，确保阀门处在准确位置，清洁阀门注脂阀 （3）如阀门的排泄阀在排泄时不停排泄，首先检查阀门是否处于全关闭状态，利用阀座注脂孔对每个阀座注入满容量密封剂，然后对阀门进行排泄 （4）如果阀座发生泄漏，可对阀座进行清洁、冲洗。首先检查阀门是否完全关严，可采取操作阀门到完全关闭；其次是检查执行机构的限位是否能正确调整，可适当调整执行机构的限位 （5）如阀杆处发生泄漏，可能是阀杆的密封出了故障，如果管线带压，可采取更换阀杆最上层的 O 形圈，或者利用阀杆的注射孔，注入少量的密封剂，如果管线无压，还可以拆出填料箱，更换所有内外阀杆密封，必要时可以更换阀杆
结构图片	

表17　弹簧式安全阀

阀门名称	弹簧式安全阀
阀门型号	A41H-320，26HA13-120/S7
安装位置	天然气生产场所的容器、设备以及管线上
介质及参数	适用介质为甲醇、天然气；压力 0~32MPa，温度 -18~50℃
工作原理	安全阀根据压力系统的工作压力自动启闭，一般安装于封闭系统的设备、容器或管路上，作为超压保护装置。弹簧式安全阀借助于弹簧的压缩力将阀盘压紧在阀座上密封。当容器或管道中的压力超过弹簧对阀盘作用的压力时，阀盘被顶开，继而全量排放泄压，以防止设备、容器或管路内的压力继续升高；当压力降低到规定值时，弹簧又将阀盘压紧在阀座上，阀门自动关闭，从而保护设备、容器或管路的安全运行
使用注意事项	（1）安装前注意检查校验日期及整定压力 （2）使用过程中保持上游控制阀全开 （3）使用过程中定期检查阀门是否内漏，铅封是否完好
维护与保养	（1）定期对安全阀进行校验，不定期检查铅封是否完好 （2）如果安全阀发生起跳泄压后，一定要对安全阀进行重新校验 （3）冬季陕北地区气温较低，室外装的安全阀需定期检查安全阀有无冻堵
结构图片	图 2.66、图 2.67

表18　阀套式排污阀

阀门名称	阀套式排污阀
阀门型号	TP41Y-64
阀门规格	DN15~250mm，PN2.5~16.0MPa
安装位置	集气站分离器排污
技术参数	适用介质为油、气、水、浆液等。公称压力 2.5~16.0MPa，公称通径 15~250mm，工作温度为 -40~5400℃
工作原理	阀芯硬软双质密封离开阀座一段行程后，即阀芯密封面与阀座密封面有一定空间距离时，阀门缓慢开启，管道中的介质、杂质一同经过节流轴、套垫窗口、阀套窗口节流后，由阀套排污窗口排污，阀套式排污阀内部组成三级节流装置，形成逐段降压，以达到振动小、流量调节有效控制的目的
使用注意事项	（1）安装调试时注意保护阀体端法兰连接部位表面不要碰伤、划伤，否则阀门不能满足正常工作 （2）排污阀调试时，首先应逆时针转动手轮，使阀门达到最大行程，然后，顺时针旋转手轮，使阀门达到最小行程，感觉开启是否轻便灵活，密封是否可靠
维护与保养	（1）阀门在使用过程中，定期从注脂嘴加入密封脂，保证阀杆处无泄漏和延长阀杆寿命 （2）在维修保养时，应注意密封副的清洁及检查软密封是否损坏，若软密封损坏，则需更换
结构图片	

表 19　旋启式止回阀

阀门名称	旋启式止回阀
阀门型号	H44H-16C
安装位置	处理厂制氮空压机吸附筒出口
介质及参数	适用于洁净介质，不宜用于含有固体颗粒和黏度较大的介质
工作原理	旋启式止回阀又称单向阀或逆止阀，其作用是防止管路中的介质倒流。启闭件靠介质流动产生的力量自行开启或关闭，以防止介质倒流的阀门称为止回阀。止回阀属于自动阀类，主要用于介质单向流动的管道上，只允许介质向一个方向流动，以防止发生事故。本类阀门在管道中一般应当水平安装
使用注意事项	（1）旋启式止回阀的安装位置不受限制，它可装在水平、垂直或倾斜的管线上，如装在垂直管道上，介质流向要由下而上 （2）含杂质的介质，应在阀前设置过滤器或排污管线 （3）对于阀门前后压力接近平衡或操作压力不稳定波动较大的场合，容易使阀瓣反复拍打而损坏阀瓣和其他件，需选用铸钢阀瓣和钢摇杆
维护与保养	如果使用过程中发生介质倒流，首先检查阀瓣是否升降不灵活和摇杆机构是否有磨损，还有密封面磨损，橡胶密封面是否老化
结构图片	图 2.91

表 20　蝶　阀

阀门名称	蝶　　　　阀
阀门型号	TY-D361H-250
安装位置	集气站污水罐及处理厂罐区进口处
介质及参数	公称压力 2.5~16.0MPa，公称通径 15~250mm，工作温度为 -40~5400℃，适用介质为油、气、水、浆液等
工作原理	蝶阀是指启闭件阀瓣为圆盘形的蝶板，围绕阀轴旋转来达到开启与关闭的一种阀，又称为翻板阀，在管道上主要起切断和节流用。它是一种结构简单的调节阀，同时也可用于低压管道介质的开关控制
使用注意事项	（1）蝶阀安装时，如阀门进口侧装有弯头时，易在阀门处形成偏流，阀门启闭力矩会有增加 （2）阀芯只能旋转 90°，一般阀体上会标明 CLOSE 和 OPEN 箭头方向，手轮顺时针转动为关闭，反之为开启 （3）如有时开闭有一定阻力，可以用专用 F 扳手开阀门，但不能强行开闭，否则会损坏阀杆齿轮 （4）禁止将手轮卸下用活动扳手扳动阀杆 （5）开闭时逐步开闭，观察有无异常情况，防止有泄漏
维护与保养	阀门使用的管线内有含水分介质，在环境温度冰点以下时，切勿强制启闭阀门，避免冰冻损伤密封面，导致阀门内漏
结构图片	手轮 蜗轮蜗杆 铜套 阀体 阀杆 阀板 密封胶圈

表 21　天然气疏水阀

阀门名称	天然气疏水阀
阀门型号	TSS43H
安装位置	集气站天然气分离器排污
介质及参数	介质：未净化原料天然气，其中含一定量甲醇、凝析油、缓蚀剂、固体颗粒等杂质。 压力：0~25MPa，温度 −18~50℃
工作原理	（1）利用 U 形结构在阀体内形成双腔，为以阀关液、以液封气，改变了介质在阀体内的流动方向，使之与重力方向重合而使液气进一步分离，以及促进液体中渣的沉降 （2）利用浮力定律和杠杆原理，精确计算所需动力以满足疏水阀在运行中的动力条件 （3）利用连通器原理和介质密度差设计自动回气系统，使其在运行中能连续地将疏水阀中的气体回流到分离器中，以达到疏水阀连续和全自动运行的目的
使用注意事项	（1）由于水的运动方向是有规律的上下运动，处于进水腔中的浮子不受无规则压力的冲击，始终处于简单的低频率的上下运动，最大限度地降低了机械磨损，确保各种结构长时间地无故障运行 （2）启用疏水阀排污系统前，检查各连接处阀门管件及法兰是否漏气，检查合适后，先打开回气管路，建立连通，待分离器底部的液体充满整个疏水阀后，再缓慢打开后路阀门 （3）因疏水阀是全天候运行，冬季运行时，为防止冻堵，应做好保温，配套电伴热系统
维护与保养	（1）安装前应将阀内清洗干净，并消除在运输过程中造成的缺陷 （2）定期检查并清除阀门所沉淀的污物杂质，确保流体畅通 （3）定期检查更换疏水阀内易磨损配件如浮球和密封阀芯，防止泄漏、窜气事故发生
结构图片	图 2.86

表 22　浮球式疏水阀

阀门名称	浮球式疏水阀
阀门型号	ESC49H–16C
安装位置	天然气处理厂锅炉
介质及参数	蒸汽及凝结水
工作原理	自由浮球式疏水阀的结构简单，内部只有一个活动部件，精细研磨的不锈钢空心浮球既是浮子又是启闭件。阀门开启，凝结水迅速排出，蒸汽很快进入设备，设备迅速升温，自动排空气装置的感温液体膨胀，自动排空气装置关闭。疏水阀开始正常工作，浮球随凝结水液位升降，阻汽排水。自由浮球式疏水阀的阀座总是处于液位以下，形成水封，无蒸汽泄漏，节能效果好
使用注意事项	（1）安装前清洗管路设备，除去杂质，以免堵塞 （2）蒸汽疏水阀应尽量安装在用气设备的下方和易于排水的地方 （3）蒸汽疏水阀应安装在易于检修的地方，并尽可能集中排列，以利于管理 （4）各个蒸汽加热设备应单独安装蒸汽疏水阀 （5）旁路管的安装不得低于蒸汽疏水阀 （6）安装时，注意阀体上箭头方向与管路介质流动方向应一致 （7）蒸汽疏水阀进口和出口管路的介质流动方向应有 4% 的向下坡度，而且管路的公称通径不小于蒸汽疏水阀的公称通径 （8）一个蒸汽疏水阀的排水能力不能满足要求时，可并联安装几个蒸汽疏水阀。用在可能发生冻结的地方，必须采用防冻措施
维护与保养	（1）定期检查并清除阀内沉淀的污垢杂质，确保流体畅通 （2）定期检查更换疏水阀内易浮球和密封阀芯，防止泄漏、窜气事故发生
结构图片	图 2.77

表 23　气液联动球阀

阀门名称	气液联动球阀
阀门型号	GPO 6S2–200–ELBS　CLASS300
阀门规格	DN650
安装位置	处理厂外输截断
介质参数	适用介质：天然气或氮气 供电电压 24 V 直流电；消耗功率 1.4 W
工作原理	气液联动球阀的主要作用是切断和开通上下游管线 该设备主要有三部分组成：球阀阀体、气液联动执行机构、LINEGUARD2000 控制器 （1）气液联动执行机构又由四部分组成：手泵、气源控制块、气联动控制包和旋转液压驱动器，其主要作用是驱动球阀完成开关动作 （2）LINEGUARD2000 控制器的主要作用是根据工艺工况条件，控制器内部完成运行参数设定，控制器根据这些设定参数通过管线压力传感器自动诊断管线运行状态，并实时指挥气液联动执行机构完成关阀动作
使用与操作	对干线保护：（1）压降速率保护，当干线压降速率大于系统设定压降速率时，气液联动球阀进行干线切断保护；（2）高压保护，当干线压力高于系统设定压力后，气液联动阀进行干线切断保护；（3）低压保护，当干线压力低于系统设定压力后，气液联动阀进行干线切断保护 正常操作：当管线上下游压差大于 0.2MPa 时，利用手泵将其开启。在开启时先把手泵上的开 (OPEN) 按钮用力推入，利用手泵缓缓将球阀打开，在打开过程中将会看到旋转液压驱动器阀位指针缓缓向开 (OPEN) 方向转动，并且最终指向开 (OPEN) 位置。当管线上下游压差小于 0.2MPa 时，打开气液联动执行机构的气源阀门，待系统压力稳定后，拉动控制块开阀手柄，将阀打开 关阀操作分自动和手动两种操作方式。自动方式：LINEGUARD2000 控制器根据系统设定的高压限、低压限及压降速率等参数自动诊断管线运行状态，当系统断定管线处于故障状态时，自动启动关阀程序，完成关阀操作，实现将上下游管线切断的目的。手动方式：当断定管线故障时可以手动切断球阀，手动时，直接拉动控制块的关阀手柄将球阀快速关闭
维护与保养	（1）定期检查执行机构开关阀门的正确性。如果执行机构的操作非常稀少，如果现场条件允许，则要用所有的控制（遥控、就地控制、紧急控制等）进行少量的阀门开启和关闭操作 （2）检查对遥控台信号的正确性。检查提供的气体压力是否在要求的范围内 （3）如果在执行机构上有一个气体过滤器，要打开排放旋塞阀排出积聚在杯中的凝结水。定期拆卸这个杯子，用肥皂水洗涤。拆卸过滤器，如果滤芯是烧结的，用硝酸盐溶液洗涤并用油吹扫；如果滤芯是纤维素组成的，当滤芯被堵塞时，必须调换 （4）检查执行机构的外部组件处于良好的状况 （5）检查执行机构的所有油漆表面。如果一些区域有损坏，请按照有关技术规范进行油漆表面修补 （6）检查气和液的管线连接中是否有泄漏。如果必要，拧紧管接头的螺母
结构图片	图 2.137

表 24　气动紧急截断阀

阀门名称	气动紧急截断阀
阀门型号	WQ6S47M(PK)
介质参数	适应介质：未净化的天然气、原料天然气、酸性天然气，其中含有一定量的甲醇、凝析油、缓蚀剂、微粒半固体杂质。适应温度：-26.8~50℃
安装位置	集气站进站采气管线
技术参数	（1）适用于气田集气站高压及中压系统，作为紧急情况下截断集气站天然气气源时使用 （2）环境条件：-35℃ < 环境温度 <60℃，-20℃ < 介质温度 <40℃ （3）截断阀最高工作压力：进站区 25.0MPa，外输区 6.4MPa （4）符合油气田集气站设备抗硫、防火防爆相关规范要求

续表

阀门名称	气动紧急截断阀
工作原理	利用压缩气体或弹簧推动活塞做直线运动，通过齿轮传动，带动齿轮轴做0°~90°旋转，开启或关闭阀门。当集气站内设备及管线发生超压、泄漏或破裂等突发事故时，通过远程控制，实现迅速关闭阀门切断气源、阻止事故的进一步扩大、降低集气站运行风险的目的
使用与操作	（1）投运前检查：检查氮气源装置；检查氮气管路及电器仪表线路；检查气动紧急截断阀及其附件 （2）截断阀投运：调节氮气源装置，使供气压力达到0.6~0.8MPa，打开低压截止阀；通过手轮机构打开球阀，回讯器现场显示为"OPEN"状态；打开氮气源供气手动球阀；检查减压阀压力表显示值，调节减压阀使供气压力为0.6MPa；对氮气管路进行验漏，如有漏现象，现场整改；通过站控计算机SCADA界面，发出开阀信号，向电磁阀2供电，电磁阀开启；将"手动/自动"转换机构转到"自动"状态，实现气动紧急截断阀的投用； （3）截断阀停运操作：关闭进站闸板阀或进站总机关；在站控计算机SCADA界面中，将所要关闭的截断阀由"开阀"状态改为"关阀"状态，即实现截断阀的关闭操作；将"手动/自动"转换机构转换到"手动"状态；如果截断阀需要长期停运时，同时关闭该截断阀氮气源阀门
使用注意事项	（1）正常生产过程中，气动紧急截断阀应处于常开、自动状态，禁止将截断阀用于日常开、关井 （2）当站内发生停电情况时，UPS在一段时间内可以持续向微机、自控柜、截断阀等电气设备进行供电。在此期间，应启动备用发电机进行供电，避免截断阀因断电而自动关闭 （3）气动紧急截断阀在平时的使用过程中，严禁利用"F"钩或管钳强行操作 （4）截断阀在"手动"并供有氮气的状态下，严禁在电脑上操作截断阀开关及调节电磁阀上的复位螺钉 （5）在进行手动操作的时候必须断开气源，否则容易造成手轮机构的损坏
维护与保养	（1）频繁地开启和关闭阀门可能会导致连接的螺母松动，导致无法正常开启、关闭阀门，可以先松开各紧固螺母，再打开阀门，然后拧紧螺母 （2）定期清理减压阀的滤杯，倒出里面的粉尘颗粒，以防止杂质进入电磁阀和执行器，造成损坏 （3）合理准备备用品，如备用气源、备用零件、附件、成套的阀门，以备不时之需
结构图片	调节螺钉　注油口　油杯　减压阀　排污旋钮　电磁阀　回讯器　手、自动切换装置　手轮　注脂口

参考文献

［1］范继义.油库阀门.北京：中国石化出版社，2007

［2］孙晓霞.实用阀门技术问答.北京：中国标准出版社，2008

［3］宋虎堂.阀门选用手册.北京：化学工业出版社，2007

［4］（美）斯库森，孙家孔译.阀门手册.北京：中国石化出版社，2007

［5］陆培文.阀门设计计算手册.北京：中国标准出版社，2009

［6］陆培文，孙晓霞.阀门设计计算手册.北京：机械工业出版社，2001

［7］房汝洲.最新国内外阀门标准大全.北京：中国知识出版社，2009

［8］中国石油天然气集团公司规划设计总院.油气田常用阀门选用手册.北京：石油工业出版社，2000

［9］陆培文，孙晓霞，杨炯良.阀门选用手册.北京：机械工业出版社，2001

［10］洪勉成，陆培文，高凤琴.阀门设计计算手册.北京：中国标准出版社，1994